Was sehe ich am Himmel?

Stefan Seip

**Himmelsphänomene
bei Tag und Nacht**

KOSMOS

Inhalt

Kopf hoch und staunen!

Dieser Kosmos-Naturführer soll Sie dazu verführen, öfter einmal den Blick nach oben zu richten. Immer wieder sind dort Naturwunder zu entdecken, zum Teil höchst interessante Vorgänge der unbelebten Natur, zum Teil darüber hinausgehend wunderschön anzuschauende Phänomene, die nur deshalb unentdeckt bleiben, weil man den Kopf zu selten in den Nacken legt. Hoffentlich fällt Ihnen an dieser Stelle nicht die Geschichte von Hans Guck-in-die-Luft ein, jenes von Heinrich Hoffman im Jahr 1844 verfasste und im „Struwwelpeter" nachzulesende Gedicht über einen Jungen, der fortwährend nur in den Himmel guckte, bis er schließlich in einen Fluss stürzte und sich den Spott und die Häme aller anderen zuzog. Tatsächlich erfordert die Welt von heute, rund 170 Jahre nach Hans Guck-in-die-Luft, unsere volle Aufmerksamkeit, um unbeschadet durchs Leben zu kommen – da bleibt fast keine Zeit mehr, um in den Himmel zu schauen. Der Sturz in einen Fluss wäre noch harmlos, es droht die Gefahr, von einem Auto überfahren oder anderweitig in einen Unfall verwickelt zu werden. Und dennoch bin ich der Überzeugung, dass trotz und gerade aufgrund unserer hektisch gewordenen, „beschleunigten" Welt die Beobachtung des Tag- und Nachthimmels wichtig ist. Sie ist dazu geeignet, einen Ausgleich zu schaffen, sich von den im Herzschlagrhythmus pulsierenden Eindrücken unserer schnelllebigen Welt zu erholen, um nicht den Modebegriff der „Entschleunigung" zu strapazieren. Wer zum Himmel blickt, der kann seine Seele baumeln lassen, die dortigen Ereignisse entspannt verfolgen und nebenbei eine Menge lernen. In diesem Sinne: Kopf hoch, Augen auf und staunen!

Der Aufgang einer teilweise verfinsterten Sonne raubt einem den Atem.

Fernsehen in 3D: Sonne, Mond und Planeten vermitteln einen Eindruck vom Welt„raum".

Naturfernsehen

Was spricht dagegen, den Begriff „Fernsehen" wörtlich zu nehmen und, statt dem Blick in die Flimmerkiste, an einem klaren Tag einmal selbst in die Ferne zu sehen? Man kann zum Beispiel zusammen mit der Familie oder Freunden einen kleinen Spaziergang unternehmen bis an eine Stelle, von der aus der Sonnenuntergang gemeinsam angeschaut wird.

Darauf folgt das berauschende Farbenspiel der Dämmerung, bis die ersten Sterne zu sehen sind. Bei guter Terminplanung (siehe dazu ab Seite 152) wird vielleicht die schmale Mondsichel sichtbar, die durch das „aschgraue Licht" zu einem Vollkreis ergänzt wird und die manchmal in unmittelbarer Nachbarschaft des strahlend hellen Planeten Venus steht. So werden Sie Zeuge einer Konstellation, die exakt in dieser Form nie wieder in Ihrem Leben stattfindet, während von dem Spielfilm sicherlich schon bald die vierte Wiederholung ausgestrahlt werden wird ...

Am Tag und bei Nacht

Doch auch der Taghimmel hält viele Überraschungen bereit. Neben der Dynamik des Wetter- und Wolkengeschehens ist es immer wieder verblüffend, welch zauberhafte Licht- und Farbenspiele aus Sonnenlicht, Wasser und Eis entstehen können. Der Regenbogen ist sicher das bekannteste davon, und ihre Vielfalt erreicht mit den Halo-Erscheinungen einen Höhepunkt. Durchschnittlich können in zwei Wochen drei Halo-Erscheinungen gesehen werden. Wenn, ja wenn man danach Ausschau hält. Und das Schönste: Keinerlei Ausrüstung ist erforderlich, das bloße Auge genügt völlig.

Ebenso reizvoll kann es sein, das bedächtige, beständige Uhrwerk des Himmels zu verfolgen. Während wir auf dem „Karussell Erde" stehen, das sich einmal pro Tag um sich selbst dreht und einmal pro Jahr um die Sonne kreist, läuft der Mond zusätzlich um uns. Die Drehachse der Erde ist zudem um 23,5 Grad geneigt, so dass es von unse-

Während das Auge Mühe hat, die intensiven Farben bei einem Vollmond-Aufgang wahrzunehmen, gelingt das einer Kamera ohne Probleme.

nicht getan sein, denn viele der interessanten Szenenwechsel passieren in längeren Zeiträumen, etwa innerhalb eines Jahres, so dass mehrere, vergleichende Betrachtungen angestellt werden müssen.

Mehr wissen – mehr sehen

Schon seit Menschengedenken hinterlässt eine klare Sternennacht tiefe Eindrücke. Ich kann die Empfindungen sehr gut nachvollziehen, wenn man nur ein Sternengewusel ohne Struktur und Ordnung wahrnimmt, ohne dass man auch nur einen Stern benennen könnte– das hat einen ganz besonderen Reiz. Doch schon vor vier- bis fünftausend Jahren begann die Gruppierung in markante Sternbilder und die Benennung von auffällig hellen Sternen und Planeten. Seit jenen Tagen wird unermüdlich ergründet, was genau hinter diesen zahllosen Lichtpünktchen am Nachthimmel steckt. Diese Hintergrundinformationen ermöglichen eine andere Perspektive auf das gestirnte Firmament, getreu einem Zitat von Johann Wolfgang von Goethe: „Man sieht nur das, was man weiß". Hin und wieder nach oben schauen kann ein im wahrsten Wortsinne himmlisches Vergnügen bereiten. Ohne Kosten und Gebühren, ohne in technische Hilfsmittel investieren zu müssen. Offene Augen und ein wacher Verstand sind der Schlüssel zu diesem Vergnügen, ganz im Gegensatz zum Hans Guck-in-die-Luft, der in der Illustration im Struwwelpeter geistig abwesend wirkt. Vielleicht ist er deshalb in den Fluss gestürzt.

rem Heimatplaneten aus spannend zu ergründen ist, welche Bahnen die Protagonisten auf der Himmelsbühne vorführen. Das führt so weit, dass selbst die Sonnenuhr um bis zu 16,5 Minuten „falsch" gehen kann! Wenn Ihnen das zu kompliziert erscheint, machen Sie sich nichts draus: Unsere Ahnen haben tausende von Jahren benötigt, um die korrekten Erklärungen für das himmlische Treiben von Sonne und Mond zu finden. Soviel Zeit wollen Sie sicher nicht investieren, aber Sie haben ja auch diesen Naturführer als Hilfe. Und dennoch wird es mit einer Beobachtung in Spielfilmlänge

Das Firmament

Noch im Mittelalter war die Vorstellung eines festen Himmelsgewölbes gang und gäbe, an der auf der Innenseite sämtliche Gestirne angeheftet waren: Die Grundlage für die Bezeichnung Firmament, eine Ableitung vom lateinischen Wort „firmamentum", was übersetzt „Befestigungsmittel" bedeutet. Die Sehnsucht der Menschen zu erfahren, was sich hinter dieser Himmels-Halbkugel befindet, wird in dem berühmten Holzstich von Camille Flammarion deutlich, auf dem ein Mensch kniend seinen Kopf durch das Himmelsgewölbe nach außen streckt. Irrtümlich als zeitgenössisches Relikt aus dem Mittelalter betrachtet, stammt der Holzstich in Wahrheit aus dem Jahr 1888, als man schon wusste, dass es

eine solche „Sphäre" nicht gibt. Nur die Bezeichnungen Firmament, Himmelsgewölbe, Himmelskugel und Hemisphäre haben bis heute überdauert, weil es für manche Zwecke noch immer hilfreich ist, den Himmel als Halbkugel zu betrachten, wenn es beispielsweise um Koordinatensysteme oder Himmelsmechanik geht.

Himmelsphänomene in der Nähe ...

Die Neugier der Menschheit hat sich bezahlt gemacht: Heutige Himmelsbeobachter profitieren von den gesammelten Erkenntnissen seit dieser Zeit und wissen, dass

Der Blick „über den Horizont hinaus" ist eine uralte Sehnsucht der Menschen.

Wenn sich die tiefschwarze Kugel des Neumondes vor die Sonne schiebt, ist eine Sonnenfinsternis im Gange.

Nebelschwaden sorgen für einen Hof aus konzentrischen, farbigen Ringen um den Mond.

der Blick zum Himmel in einen tiefen, dreidimensionalen Raum fällt. Die sichtbaren Phänomene, die in diesem Naturführer aufgezählt sind, sind in diesem Raum sehr weit gestaffelt. Da unser räumliches Wahrnehmungsvermögen durch das beidäugige Sehen nur unterhalb einer Distanz von zirka zehn Metern funktioniert, sind wir nicht in der Lage, ohne Messungen die Entfernung von weiter entfernten Objekten innerhalb der Erdatmosphäre, geschweige denn von kosmischen Objekten auch nur abzuschätzen. Bei einer Sonnenfinsternis beispielsweise „begegnen" sich die Sonne und der Neumond am Himmel, obwohl die Sonne rund vierhundert Mal so weit entfernt ist als der Mond.

Doch sortieren wir einmal die in diesem Naturführer portraitierten Himmelserscheinungen aufsteigend nach ihrer Entfernung, damit die Dimensionen deutlich werden.

Beginnen müssen wir sprichwörtlich bei null, wenn sich der Beobachter innerhalb einer Nebelschwade oder einer tief ziehenden Wolke aufhält. Der Wasserdampf kann zur Bildung einer Gloriole („Hof") um den Mond, um die Sonne oder gar zur Entstehung eines „Brockengespensts" führen. Wenige Meter weit entfernt ist eine vereiste Schneedecke, die durch Sonnen- oder Mondlicht Halo-Erscheinungen hervorrufen kann.

... und in der Ferne

Im Bereich einiger bis etlicher Kilometer produzieren Wassertropfen einen Regenbogen. In der gleichen Entfernungsskala können Gewitterblitze einschlagen, dann allerdings sollte man den Kopf einziehen. Den Bereich „etlicher Kilometer" könnten wir nach oben hin abrunden, wenn wir über typische Wolkenformationen sprechen. Wer schon in den Bergen gewandert ist, kennt vielleicht die Situation, dass man plötzlich in einer Wolke steht. Doch vom Flachland aus betrachtet sind selbst die tief ziehenden Wolken viele hundert Meter bis zu zwei Kilometer weit entfernt, mittelhohe bis acht, hohe Bewölkung bis 13 Kilometer! Eine Ausnahme sind die leuchtenden Nachtwolken, die sich in Höhen von bis zu 85 Kilometer über dem Erdboden aufhalten, vom Beobachter aber in Horizontnähe gesehen werden und dadurch nochmals weiter entfernt sind. Rund zehn Kilometer hoch ziehen auch jene Eiswolken, denen die klassischen Halo-Erscheinungen ihre Existenz zu verdanken haben. In gleicher Höhe fliegen die Verkehrsflugzeuge und hinterlassen ihre Kondensstreifen.

Über ihnen in der Erdatmosphäre flammen Sternschnuppen auf und glimmen Polarlichter. Die allermeisten Sternschnuppen verdampfen schon 80 Kilometer über der Erdoberfläche, während sich die Polarlichter gewöhnlich in Höhen von 70 bis 400 Kilometer, selten bis über tausend Kilometer abspielen. Obwohl die Erdatmosphäre gegen den Weltraum nicht scharf abgegrenzt ist, wird allgemein die Grenze bei einhundert Kilometern über der Erdoberfläche definiert. Dass oberhalb von 100 Kilometer nicht schlagartig Schluss ist, sieht man schon an den hohen Polarlichtern, die ja durch Interaktion des Sonnenwindes mit Luftteilchen ausgelöst werden. Ein weiteres Indiz ist die geringe, aber dennoch vorhandene Luftreibung von Satelliten weit oberhalb dieser Grenze. Auch die Internationale Raumstation (ISS) ist betroffen, deren Bahnradius bei etwa 340–350 Kilometern

Die Atmosphäre der Erde ist nicht messerscharf gegen den Weltraum abgegrenzt.

liegt und die immer wieder mit Energieaufwand auf eine höhere Bahn angehoben werden muss, weil Luftreibung zu langsamem Absinken führt. Noch einmal doppelt so weit entfernt sind die Iridium-Satelliten, die man ebenfalls noch mühelos mit dem bloßen Auge erkennt, zumindest dann, wenn sie als „Flare" hell aufblitzen.

Das Licht als Entfernungsmesser

Einen großen Sprung müssen wir machen, wenn wir die unmittelbare Umgebung der Erde mit ihrer Atmosphäre endgültig verlassen und nach dem ersten kosmischen Objekt Ausschau halten. Das ist der Mond, der in einer Entfernung von im Mittel 384.400 Kilometern um die Erde kreist. Eine Distanz, die ein gutes Auto zurücklegen kann und

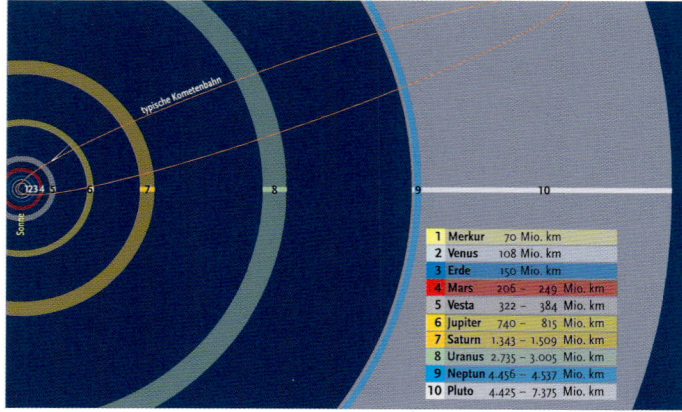

1	Merkur	70 Mio. km	
2	Venus	108 Mio. km	
3	Erde	150 Mio. km	
4	Mars	206 –	249 Mio. km
5	Vesta	322 –	384 Mio. km
6	Jupiter	740 –	815 Mio. km
7	Saturn	1.343 –	1.509 Mio. km
8	Uranus	2.735 –	3.005 Mio. km
9	Neptun	4.456 –	4.537 Mio. km
10	Pluto	4.425 –	7.375 Mio. km

Schon die Entfernungen innerhalb unseres Planetensystems sprengen unsere Vorstellungskraft, obwohl es sich dabei kosmisch gesehen um unser Zuhause handelt.

die viele Autofahrer schon absolviert haben, manche das Vielfache davon. Und doch bewegen wir uns mittlerweile in einem Entfernungsbereich, der die Vorstellungskraft langsam an seine Grenzen treibt. Bei so großen Strecken bietet sich der Vergleich mit der Zeit an, die das Licht braucht, um sie zurückzulegen. Die Lichtgeschwindigkeit im Vakuum beträgt stolze 300.000 Kilometer pro Sekunde! Pro Stunde sind es schon eine Milliarde Kilometer. Die Strecke Erde–Mond bewältigt ein Lichtstrahl in gerade einmal 1,3 Sekunden.

Mit diesem „Längenmaß" bewaffnet fällt es bedeutend leichter, sich in unserem Planetensystem umzusehen. Im Zentrum desselben steht der für uns bedeutendste Stern, die Sonne. Ihre Entfernung beträgt im Mittel rund 150 Millionen Kilometer, eine Distanz, die wiederum als Standardmaß Verwendung findet, nämlich als „Astronomische Ein-

heit", abgekürzt „AE". Das ultraschnelle Licht benötigt für diese Strecke immerhin acht Minuten und 20 Sekunden. Die Entfernungen zu den beiden innerhalb der Erdbahn kreisenden Planeten Merkur und Venus schwankt erheblich, je nachdem, ob sie hinter der Sonne oder zwischen Sonne und Erde stehen. Der erste Fall wird als „obere Konjunktion" bezeichnet, dann ist Merkur 220 Millionen und Venus 261 Millionen Kilometer weit entfernt. Minimal sind es bei Merkur 80, bei Venus nur knapp 39 Millionen Kilometer – näher kommt der Erde kein anderer Planet. Auch bei Mars, dem ersten der äußeren Planeten, treten starke Schwankungen zwischen minimal 55,7 und maximal 400 Millionen Kilometer auf. Der günstigere Fall tritt ein, wenn Sonne, Erde und Mars in der genannten Reihenfolge auf einer Linie stehen: Mars steht dann in Opposition. Lautet die Reihenfolge jedoch

Mars, Sonne, Erde, sind der Maximalabstand und die Konjunktionsstellung erreicht. Jupiter erreicht während seiner Opposition die Erdnähe in einer Entfernung von 588 Millionen Kilometer. Das reflektierte Sonnenlicht vom Jupiter ist dann eine gute halbe Stunde lang zur Erde unterwegs. Saturn ist noch weiter entfernt: Von ihm trennen uns selbst in der Oppositionsstellung rund 1.200 Millionen, das sind 1,2 Milliarden Kilometer, für die sogar das Licht eine Stunde und sechs Minuten lang unterwegs ist.

Die Welt der Sterne

Wer nun des Nachts die Planeten als helle Lichtpunkte in den Tierkreis-Sternbildern ausfindig macht, muss realisieren, dass die Planeten lediglich Vordergrundobjekte für eine noch sehr viel weiter entfernte Kulisse aus Sternen darstellen. Die Sterne sind so weit weg, dass Ihre Entfernung am besten in Lichtjahren ausgedrückt wird. Ein Lichtjahr ist keine Zeit-, sondern eine Entfernungseinheit und stellt jene Strecke dar, die das Licht innerhalb eines Jahres absolviert. Das sind unvorstellbare 9,5 Billionen Kilometer, einer Zahl mit elf Nullen hinter der „95", wenn man sie ausschreibt! Der Stern, der der Sonne am nächsten steht, findet sich in einer Entfernung von 4,2 Lichtjahren. Es ist Proxima Centauri, der von Mitteleuropa ebenso wenig zu beobachten ist wie sein heller Begleiter Alpha Centauri in 4,4 Lichtjahren Distanz. Beide stehen eng nebeneinander am südlichen Sternenhimmel. Der nächste von uns aus sichtbare Stern ist Sirius, der hellste aller Sterne im Sternbild Großer Hund; er

ist 8,6 Lichtjahre entfernt. Alle anderen mit dem bloßen Auge zu sehenden Sterne sind zig und hunderte von Lichtjahren weit weg. Einige Ausreißer nach oben hin auch tausende von Lichtjahren. Die Entfernung von Deneb im Schwan beispielsweise wird auf 3200 Lichtjahre geschätzt, allerdings ist die Ermittlung der Entfernung schwierig und mit einer großen Unsicherheit versehen, vielleicht sind es auch nur 1600, möglicherweise aber auch über 7000 Lichtjahre! Das ist die Größenordnung, in der auch die hellsten Nebel und Sternhaufen zu finden sind. Bei den Plejaden, dem „Siebengestirn" im Sternbild Stier, sind es etwa 440, beim großen Orion-Nebel bereits 1350 Lichtjahre. Verhältnismäßig fern sind die hellsten Kugelsternhaufen, das helle Exemplar im Sternbild Herkules 25.000 Lichtjahre. Deutlich sichtbar ist er allerdings nur im Fernglas. Diese galaktischen Maßstäbe, mit denen innerhalb unserer Milchstraße gut hantiert werden kann, werden noch in den Schatten gestellt, wenn uns im Sternbild Andromeda ein nebliges Fleckchen auffällt. Es handelt sich dabei um das entfernteste Objekt, das mühelos für das freisichtige Auge erkennbar ist: Nichts Geringeres als eine weitere Milchstraße in einer Entfernung von 2,5 Millionen Lichtjahren! In einem Fernglas werden viele weitere Milchstraßen, also Galaxien sichtbar, weit jenseits der Andromeda-Galaxie. Die scheinbaren Helligkeiten von Sternen, Nebeln und Galaxien werden in der Einheit „Größenklasse" oder „Magnitude" angegeben. Je kleiner der Wert ist, desto heller ist das Objekt. Helle Sterne und Planeten weisen sogar negative Werte auf.

Zwei Zahlen für einen Ort

Viele nutzen im Straßenverkehr und in ihrer Freizeit Navigationsgeräte, um ein Ziel zu finden oder nicht die Orientierung zu verlieren. Die Grundlage dafür liefert ein Koordinatensystem, mit dem der gesamte Erdglobus überzogen ist. Zwei Werte reichen aus, um einen beliebigen Punkt auf dem Globus zu adressieren: der Breiten- und der Längengrad. Die Einteilung in Breitengrade ist dabei von der Natur durch die Rotationsachse der Erde vorgegeben, die Punkte, an denen die Rotationsachse die Erdoberfläche berührt, sind die Pole (Nord- und Südpol). Teilt man die Erdkugel durch eine Fläche senkrecht zur Rotationsachse in gleiche Teile, ergibt sich daraus die Lage des Erdäquators. Der Äquator markiert den Breitengrad 0°. Nach Norden wird in positiver Richtung gezählt, bis am Nordpol der Breitengrad +90° erreicht ist. Frankfurt am Main beispielsweise liegt etwa auf dem Breitengrad +50°. Südlich des Äquators erfolgt die gleiche Zählweise, nur mit umgekehrtem Vorzeichen. Der Südpol liegt auf dem Breitengrad –90°, Sydney in Australien auf –34°. Bei der geografischen Länge ist allerdings Willkür im Spiel, denn irgendwo muss ein Nullpunkt gesetzt werden. Die Wahl fiel im Jahr 1884 auf das Königliche Observatorium in Greenwich bei London, England. Zieht man eine direkte Linie vom Nordpol durch diese Sternwarte zum Südpol, erhält man den Nullmeridian der Erde. Eine Umrundung der Erde entspräche 360 Grad, die in zweimal 180 Grad aufgeteilt werden, je nachdem, ob

vom Nullmeridian nach Osten oder Westen gezählt wird. Moskau liegt auf dem Längengrad 37,6° Ost, New York auf 73,8° West. Ein Grad kann jeweils in Bruchteile unterteilt werden, und zwar in 60 „Bogenminuten" (Abkürzung: '); 0,5 Grad sind demnach 30 Bogenminuten (30'). Jede Bogenminute wiederum setzt sich aus 60 Bogensekunden (Abkürzung: ") zusammen, die zum Erreichen einer noch höheren Genauigkeit mit Nachkommastellen angegeben werden können. Für das „Geocaching", die Suche nach einem „Schatz", reicht daher die Angabe des Breiten- und Längengrads: Breitengrad +50° 56' 28,65"/Längengrad 6° 57' 29,36" Ost identifiziert eindeutig den Kölner Dom als Zielort.

Am Himmel ist die ganze Sache ein wenig schwieriger, weil es keine Fläche, sondern nur einen Raum gibt. Für größere Distanzen hat es sich daher bewährt, den Himmel als Halbkugel aufzufassen, die sich über dem Horizont aufspannt. Auf die Innenseite dieser Hohlkugel können zwei verschiedene Koordinatensysteme „projiziert" werden. Eines davon ist starr, das andere nimmt an der ständigen Rotation des Himmels teil.

Das Horizontsystem

Das starre Horizontsystem orientiert sich an den irdischen Bezugspunkten des jeweiligen Beobachtungsortes. Um die Position eines Gestirns eindeutig zu benennen, wird dabei zunächst die Himmels-

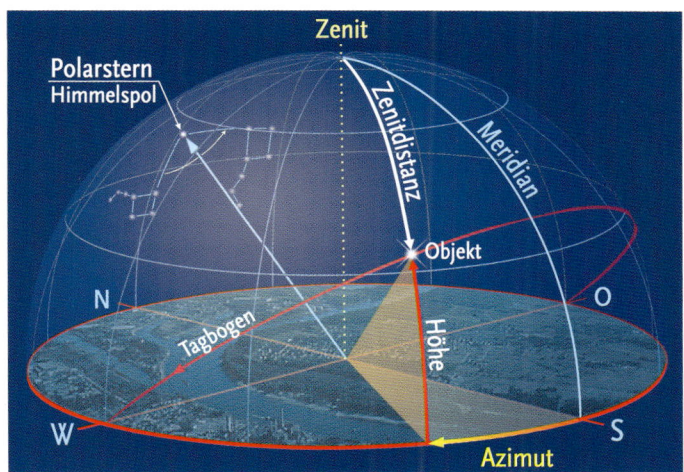

Im Horizontsystem wird der Ort eines Himmelskörpers durch die Koordinaten Azimut und Höhe angegeben. Aufgrund der Erdrotation absolviert ein Gestirn seinen „Tagbogen".

richtung definiert, das sogenannte Azimut. Absolut willkürlich wurde die Südrichtung als Azimut 0° festgelegt. Von dort aus wird nach Westen gezählt: Westen hat das Azimut 90°, Norden 180° und Osten 270°. Eine Feineinteilung in Bogenminuten und -sekunden erlaubt eine beliebige Genauigkeit. Der zweite Wert besteht aus der Höhe des Gestirns über dem mathematischen Horizont, gemessen in Grad und Bruchteilen davon. Der mathematische, also theoretisch perfekte Horizont markiert die 0-Grad-Linie, die maximal mögliche Höhe beträgt 90 Grad. Dieser höchste Punkt am Himmelsgewölbe heißt Zenit. Die Linie, die vom Nordpunkt am Horizont über den Zenit zum Süden zieht, ist der Meridian, der auch „Mittagslinie" heißt, weil die Sonne zur Mittagszeit auf dem Meridian ihren Höchststand erreicht. Der

Zeitpunkt der Meridianpassage wird als Kulmination bezeichnet. Die Sonne zum Beispiel kann zur Mittagszeit die Koordinaten Azimut = 0°, Höhe = +36° haben, während sie im Süden kulminiert. Zum Zeitpunkt ihres Untergangs betragen die Koordinaten aber Azimut = 84°, Höhe = 0°. Daran wird die Schwäche des Horizontsystems ersichtlich, nämlich dass die Koordinaten eines Gestirns bei seiner scheinbaren Bewegung am Himmel vom Auf- bis zum Untergang einem ständigen Wandel unterworfen sind.

Das Äquatorsystem

Dies ist nicht der Fall beim Äquatorsystem. Es nimmt an der Himmelsrotation teil, so dass ein Gestirn ohne Eigenbewegung seine Koordinaten stets beibehält. Um das

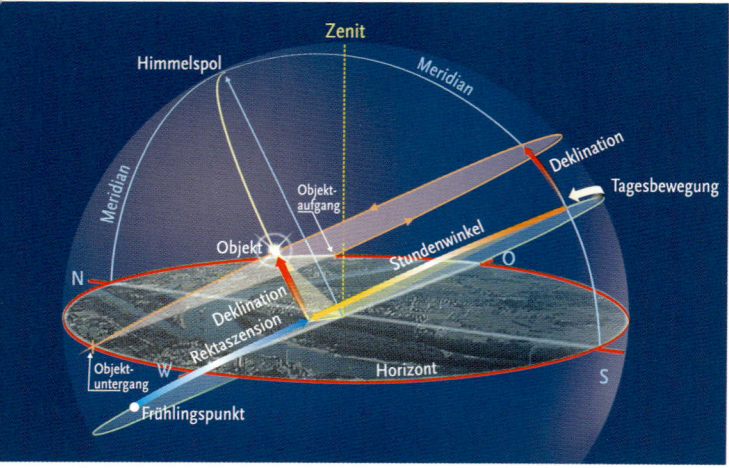

Das Äquatorsystem verwendet die Koordinaten Rektaszension und Deklination.

Äquatorsystem zu verstehen, kann man sich die Projektion des irdischen Koordinatennetzes aus Längen- und Breitengraden an die gedachte Himmelskugel vorstellen. Wenn man einen Beobachtungsstandort auf der Nordhalbkugel der Erde annimmt, steht der Drehpunkt des Himmels, der Himmelsnordpol, exakt im Norden in einer Höhe, die der geografischen Breite des Beobachtungsortes entspricht. Der Himmelsäquator hingegen ist eine Linie, die exakt von Osten nach Westen zieht und im Süden eine von der geografischen Breite abhängige Maximalhöhe erreicht. Diese Höhe (H) lässt sich leicht mit der Formel $H = 90 - \varphi$ errechnen, wobei φ für die geografische Breite steht. Ähnlich wie die Breitengrade beim Koordinatensystem der Erde kann nun der Abstand eines Gestirns vom Himmelsäquator eindeutig angegeben werden, die sogenannte „Deklination". Am Himmelsäquator nimmt die Deklination 0° an, am Himmelsnordpol +90°, am Himmelssüdpol –90°. Schwieriger ist die Bestimmung des Wertes, der der geografischen Länge auf der Erde entspricht, und der am Himmel „Rektaszension" heißt. Hier gilt es wieder, den Nullpunkt zu definieren. Man entschied sich für den Frühlingspunkt, also die Stelle, an der die Sonne zum Frühlingsbeginn auf ihrer Bahn, der Ekliptik, den Himmelsäquator von Süd nach Nord kreuzt. Dort nimmt die Rektaszension den Wert $0^h00^m00^s$ an: Die Rekaszension wird in Stunden (h), Minuten (m) und Sekunden (s) gezählt, wobei vom Frühlingspunkt aus in östlicher Richtung gerechnet wird. Am Sommeranfang erreicht die Sonne also die Rektaszension $6^h00^m00^s$, zu Herbstbeginn $12^h00^m00^s$ und am Winteranfang $18^h00^m00^s$.

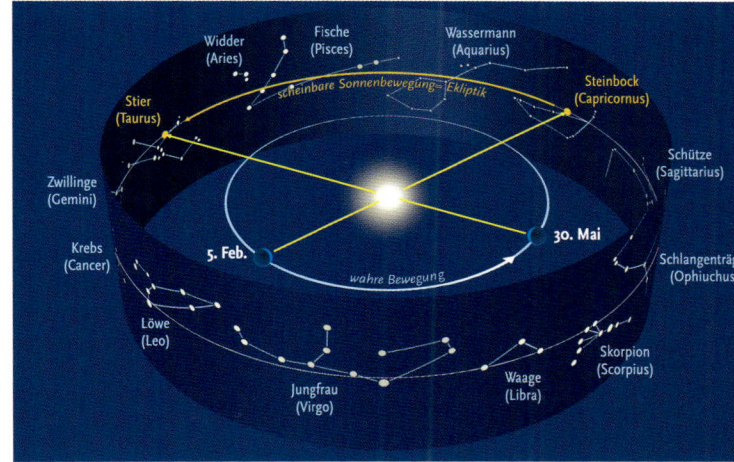

Die scheinbare Bahn der Sonne durch die Sternbilder des Tierkreises wird Ekliptik genannt.

Die Sonnenbahn

Spannend ist es, die Lage der Ekliptik, der Sonnenbahn, am Himmel zu bestimmen. Anders als der Himmelsäquator ist sie keine fixe Linie am Himmel, weil sie ja gegen den Himmelsäquator um 23,5 Grad geneigt ist. Verfolgen wir die Sonne auf ihrer jährlichen Wanderung auf der Ekliptik, so kreuzt sie am Frühlingsanfang den Himmelsäquator von Süd nach Nord. Der „Tagbogen" der Sonne, also ihre scheinbare Wanderung am Himmel am Tag des Frühlingsanfangs, wird am Himmel dann exakt dem Verlauf des Himmelsäquators folgen; die Deklination der Sonne beträgt 0°. Da wir mit der obigen Formel H = 90 − φ die Maximalhöhe des Himmelsäquators bereits ermittelt haben, entspricht das Ergebnis gleichzeitig der maximalen Mittagshöhe der Sonne am Frühlings- und am Herbstanfang. Für Frankfurt am Main auf der geografischen Breite +50° sind das 40 Grad. Drei Monate später erreicht die Sonne ihren Höchststand und ist dann gegenüber dem Himmelsäquator um 23,5 Grad in nördlicher Richtung aufgestiegen. Ihre Deklination beträgt demnach +23,5°, ihre maximale Mittagshöhe H + 23,5°, in Frankfurt also 63,5°. Im Winter kehren sich die Vorzeichen um, so dass die maximale Mittagshöhe nur noch H − 23,5° beträgt, also 16,5°. Dann beträgt die Deklination der Sonne −23,5°.

Am einfachsten lässt sich der Verlauf der Ekliptik am Nachthimmel nachvollziehen, wenn der Mond und einige helle Planeten als Orientierungshilfe dienen. Ohne Planeten ist es schwieriger, dann müssen die Tierkreissternbilder identifiziert werden, innerhalb derer die Ekliptik verläuft.

Ein optimaler Beobachtungsort

Viele der nachts sichtbaren Himmelsobjekte können bequem vom heimischen Balkon oder der Terrasse angeschaut werden, notfalls nach dem ein oder anderen Schritt vor die Haustür. Je nachdem, in welchen Blickrichtungen freie Sicht herrscht, können Auf- und Untergänge von Mond und Sonne sowie deren tägliche und jährliche Bahn, helle Sterne und Planeten, Halo-Erscheinungen bei Sonne und Mond, das aschgraue Licht des Mondes, seine Phasen und sein „Gesicht", helle Satelliten, manche Konjunktionen und vieles mehr beobachtet werden. Das einzige, was man tun muss, ist zur rechten Zeit einmal ins Freie zu gehen, wenn bekannt ist, dass es etwas Sehenswertes gibt. Aber auch ohne besonderen Anlass kann zu jeder Jahreszeit der aufmerksame Blick zum Nachthimmel die eine oder andere Überraschung im positiven Sinne bereithalten. Doch je nach Wohnlage kann auch eine Ernüchterung eintreten: Durch die vielen Lampen unserer Zivilisation, verbunden mit Schwebeteilchen in der Luft, die aus Abgasen und Staub bestehen, wird der dunkle Nachthimmel mehr oder minder stark aufgehellt. Diese Aufhellung wird als „Lichtverschmutzung" (s. Seite 82) bezeichnet, obwohl nicht das Licht im Wortsinne verschmutzt, sondern durch das Licht die Beobachtung von lichtschwachen Objekten vereitelt wird. Durch die Lichtverschmutzung sinkt die Anzahl der sichtbaren Sterne, was im Extremfall dazu führen kann, dass in Großstädten nur noch die hellsten Sterne – also vielleicht ein Dutzend – zu erkennen sind. Viele Menschen, die dort leben, viele Kinder, die dort aufwachsen, haben noch niemals die Milchstraße oder das Aufblitzen von Sternschnuppen gesehen. Zur Orientierung am Sternenhimmel enthält dieses Buch ab Seite 138 zwölf Himmelskarten mit Blickrichtung Süd. Sie zeigen die Sternbilder jeweils um 22 Uhr abends (bei Sommerzeit: 23 Uhr).

Nachtwanderung zu den Sternen

Für Stadtbewohner ist es daher zur Notwendigkeit geworden, einen geeigneten Beobachtungsplatz aufzusuchen, um den Sternenhimmel in seiner ganzen Herrlichkeit zu genießen. Es ist keineswegs immer einfach, einen passenden Platz zu finden, denn es sind dabei etliche Bedürfnisse unter einen Hut zu bekommen:

> **Beobachtungsbedingungen** Natürlich muss ein Ort gefunden werden, der „im Dunkeln" liegt, also möglichst weit weg von künstlichen Lichtquellen und größeren Städten. Gleichzeitig sollte er einen freien Blick in alle Himmelsrichtungen erlauben, zumindest nach Süden, Osten und Westen. Die Nähe von Autostraßen ist zu meiden, weil das Scheinwerferlicht vorbeifahrender Autos die Anpassung der Augen an die Dunkelheit massiv erschwert.

> **Witterungsverhältnisse** Wind und Kälte können den Beobachtungsspaß nachhaltig beeinträchtigen. Extrem windexponierte Stellen

Durch die Lichterfülle einer Großstadt ist es schwierig, selbst markante Sternbilder wie den Orion zu identifizieren (links). Unter einem dunklen Landhimmel (rechts) hingegen springt einem das Sternbild förmlich ins Auge.

sind daher ebenso kritisch wie Standorte in großer Meereshöhe, wo einem im Winter nicht nur die Temperaturen zu schaffen machen, sondern möglicherweise auch die Zufahrtswege durch Schnee und Eis unpassierbar sind.

> Erreichbarkeit Der beste Beobachtungsplatz nützt wenig, wenn er erst nach einer langen oder beschwerlichen Anreise erreicht werden kann. Schließlich geht es auch um den Zeitaufwand bei der An- und Abreise, die Fahrtkosten sowie um die Umweltverträglichkeit.

> Handyempfang Zumindest ein Funktelefonnetz sollte am Beobachtungsplatz verfügbar sein, um in Notfällen handeln zu können. Immer mehr gewinnt auch eine mobile Internetverbindung mit ausreichender Bandbreite an Bedeutung, um aktuelle Informationen über das Auftreten von Kometen, Sternschnuppen, Satelliten-Überflügen oder Polarlichtern abzurufen.

> Legalität Selbstredend muss die Zufahrt zum Beobachtungsgelände legal sein, d. h. es darf sich nicht um ein Privatgrundstück handeln oder nur über gesperrte Straßen erreichbar sein. Zwar gilt die allgemeine Zugangserlaubnis für Wald und Flur in Deutschland auch bei Nacht, doch es kann von Vorteil sein, seine Pläne mit Anrainern und Jagdpächtern zu besprechen, um keinen falschen Verdacht aufkommen zu lassen.

> Sicherheit Wichtig ist, dass Sie sich nachts an dem Ort Ihrer Wahl sicher fühlen. Da sich Kriminalität auf die Städte konzentriert, sollte sie kaum ein Problem darstellen. Zu achten ist eher auf steile Bruchkanten, die man bei Dunkelheit übersehen kann oder hohe Bäume und Masten, die durch herabfallenden Schnee und Eis gefährlich werden können. In Urlaubsländern sind weitere Dinge zu beachten, zum Beispiel das Vorkommen gefährlicher Tier- und Pflanzenarten (etwa

Schlangen oder Kakteen). Dass der Beobachtungsplatz nicht direkt auf einem Weg liegen sollte, der unerwartet von einem Fahrzeug befahren werden könnte, versteht sich von selbst.

Leicht ist erkennbar, dass das Anforderungsprofil an einen idealen Beobachtungsort mehrschichtig und wohl kaum in allen Punkten zur vollsten Zufriedenheit erfüllbar ist. Meistens muss ein Kompromiss eingegangen werden, was den einen oder anderen Punkt angeht. Denkbar ist auch ein Repertoire verschiedener Beobachtungsplätze, die man je nach Bedarf und Situation ansteuert. Ein Beispiel wären zwei verschiedene Standorte, von denen einer im Winter besser zu erreichen ist. Zweites Beispiel könnten Beobachtungsplätze mit unterschiedlichen Sichtbedingungen sein: Während einer besonders frei von störendem Fremdlicht ist, bietet ein anderer eine bessere Horizontsicht.

Die nächtliche Suche nach einem Beobachtungsort ist mühsam und nicht selten für unliebsame Überraschungen geeignet. Am besten begibt man sich bei Tageslicht auf die Suche, um einige der genannten Anforderungen überprüfen zu können. Doch es darf auch nicht verschwiegen werden, dass sich ein am Tage vielversprechender Ort nach Einbruch der Dämmerung als unbrauchbar erweisen kann, wenn zum Beispiel eine Armada von Stechmücken über einen herfällt.

Reisegepäck

Des Weiteren ist eine bestimmte Grundausstattung notwendig, wenn Beobachtungen in der freien Natur bei Nacht geplant sind. Zwar lernt jeder von Mal zu Mal, welche Dinge unverzichtbar oder nützlich sind, aber die folgende Liste kann helfen, die Startschwierigkeiten zu

Eine drehbare Sternkarte und eine Taschenlampe mit Rotlicht sind die idealen Begleiter, wenn es darum geht, sich am Sternenhimmel zu orientieren.

Neben Sternkarte und Rotlichtlampe leistet ein astronomisches Jahrbuch gute Dienste. Es erscheint jedes Jahr neu und informiert über alle wichtigen Ereignisse am Firmament.

überwinden. Dabei ist zu allererst an die eigene Sicherheit zu denken:

> Mobiltelefon Ein Handy mit geladenem Akku ist im Notfall eine wichtige Sache. Wird das Gerät auch für Internetverbindungen vor Ort genutzt, ist darauf zu achten, dass der Akku nicht komplett entleert wird und im Bedarfsfall kein Telefonat mehr möglich ist.

> Warme Kleidung Selbst nach heißen Sommertagen kann die Temperatur bei Nacht stark abfallen. Gerade bei klarem Himmel wird die tagsüber im Erdboden gespeicherte Wärmeenergie schnell in den Weltraum abgestrahlt, ohne dass Wolken diesen Prozess behindern – eine schnelle Auskühlung ist die Folge. Fängt man erst einmal an zu frieren, macht das Beobachten keine Freude mehr. Besonders kritisch ist die Situation im Winter: Da es kaum eine andere Beschäftigung von Menschen in der nächtlichen Eiseskälte gibt, ist es gar nicht so leicht, angemessene Kleidungsstü-

cke zu kaufen. Am ehesten fündig wird man in der Wintersport-Abteilung. Zusätzliche Decken können nicht schaden, wenn man sich vorstellt, dass man beispielsweise durch eine Panne gezwungen ist, länger auszuhalten als ursprünglich geplant. Handschuhe, Schal, Mütze, warme Socken und Schuhe leisten nicht nur im Winter wertvolle Dienste.

> Fahrzeug Bei An- und Abreise mit dem Auto sollte der Tank gefüllt und die Batterie geladen sein. Fahrzeuge mit Schaltgetriebe können bergab geparkt werden, um das Anlassen auch bei Batterieversagen zu gewährleisten. Auf der sicheren Seite ist man, wenn ein geladener, externer 12-Volt-Starterpack für alle Fälle zur Verfügung steht. Nach dem Erreichen des Beobachtungsplatzes sind alle Stromverbraucher am Fahrzeug auszuschalten, um die Batterie nicht zu entladen.

> Geld, Papiere Etwas Geld für alle Fälle sowie Fahrzeugpapiere und

Nachts beobachten

Personalausweis sollten greifbar sein. Immerhin könnte es sein, dass man bei seinen nächtlichen Aktivitäten die Aufmerksamkeit anderer auf sich zieht, denen das aus Unwissenheit suspekt erscheint; nächtliche Begegnungen mit den Ordnungshütern sind selbst auf freiem Feld nicht ausgeschlossen.

> **Taschenlampe** Wichtig sind eigentlich zwei Taschenlampen: Eine möglichst helle, mit der am Ende der Beobachtungssession der Platz ausgeleuchtet werden kann, um nach vergessenen Gegenständen zu suchen oder um ins Gras gefallene Kleinteile wieder zu finden. Und eine deutlich schwächere Taschenlampe mit Rotlichtfilter, um während der Beobachtungen eine Sternkarte anzuschauen, in einem Buch zu lesen oder die Einstellelemente einer Kamera zu finden, ohne dass die Dunkelanpassung der Augen stark leidet. Die helle Lampe darf natürlich nur benutzt werden, wenn dadurch keine anderen anwesenden Beobachter gestört oder gar geblendet werden.

> **Essen und Trinken** Eine adäquate Verpflegung trägt unbedingt zum Erhalt einer guten körperlichen Verfassung bei – eine Grundvoraussetzung für entspannte und inspirierende Beobachtungen.

> **Fernglas** Das Fernglas darf nicht fehlen. Gegebenenfalls an Batterien für den Bildstabilisator und ein sauberes Tuch für das Entfernen von Fingerabdrücken auf den Linsen denken. Der Beobachtungskomfort steigt, wenn das Fernglas auf einem Stativ befestigt wird. Dann fällt es auch bedeutend leichter, Mitbeobachtern ein bestimmtes Objekt zu zeigen, denn das freihändige Anvisieren will gelernt sein.

> **Uhr** Sofern nicht bereits durch Handy oder Auto abgedeckt, ist das Mitführen einer Uhr obligatorisch.

> **Notizblock** Auf einem Notizblock können schon im Vorfeld wichtige Ereignisse der Nacht notiert werden, etwa die Zeitpunkte eines Satelliten-Überflugs (s. Seite 95) oder des Mondaufgangs. Wenn Sie möchten, können Sie auch Ihre Beobachtungen protokollieren und außergewöhnliche Vorkommnisse dokumentieren.

> **Messgeräte** Über einfache Notizen hinaus geht die Messung meteorologischer Daten, etwa Temperatur, Luftdruck, Windstärke und -richtung sowie Bewölkungsgrad, für deren Erfassung die Mitnahme geeigneter Messinstrumente nötig ist. Ermitteln Sie am besten auch die „Klarheit" des Himmels, indem Sie die Helligkeit der schwächsten Sterne feststellen, die gerade noch mit dem bloßen Auge sichtbar sind. Alternativ dazu können Sie ein spezielles Messgerät zur Erfassung der Himmelshelligkeit einsetzen, um eine genaue Bestimmung der Lichtverschmutzung vorzunehmen. Regelmäßige Erhebungen solcher Parameter lassen im Laufe der Zeit ein wertvolles Profil des Standorts entstehen, auf das Sie selbst bei zukünftigen Beobachtungen zurückgreifen können.

> **Kameraausrüstung** Wenn Sie Ihre Eindrücke fotografisch festhalten möchten, dürfen Sie Ihre Fotoausrüstung nicht vergessen. Welches Zubehör notwendig oder sinnvoll erscheint, lesen Sie auf Seite 35 ff. Ein geladener Ersatz-Akku für die Kamera ist immer eine gute Sache.

> **Brille** Wenn Sie Brillenträger sind, gehört die Brille zur Ausrüstung. Das betrifft auch eine Lesebrille, um Sternkarten zu lesen oder Kamera-

Eine Planetariums-Software kann den Himmel für jeden Standort realitätsnah darstellen.

einstellungen vorzunehmen. Denken Sie daran, dass die Sehschärfe bei nachlassender Helligkeit leidet.

> Drehbare Sternkarte Allen elektronischen Hilfsmitteln zum Trotz sollte eine drehbare Sternkarte bei keiner Beobachtung fehlen. In Sekundenschnelle und ohne Strom aus Batterien lässt sich der aktuell sichtbare Sternenhimmel einstellen, indem das Datum und die Uhrzeit zur Deckung gebracht werden. Die Lage der Ekliptik und der Verlauf der Milchstraße werden deutlich, Auf- und Untergangszeiten von Sonne und Sternen können bestimmt werden.

> Jahrbuch Ein astronomisches Jahrbuch ist durch eine Planetariums-Software nicht vollständig ersetzbar, denn es informiert schon im Voraus über Finsternisse, Sichtbarkeit der Planeten, hübsche Konstellationen und vieles mehr. So kann man die Nacht vorher planen.

> Feuerzeug Auch dem Nichtraucher kann ein Feuerzeug beim Auftauen eines zugefrorenen Schlosses eine Hilfe sein.

> Stuhl/Liege Wer es sich bequem machen möchte, kann einen Campingstuhl oder eine Liege mitnehmen, um in entspannter Haltung in die Sterne zu schauen. Auf einer Liege, die mit Decken isoliert ist, lässt sich auch in kalten Nächten wunderbar nach Sternschnuppen Ausschau halten.

Der Farbenrausch eins Sonnenuntergangs ist ein eindrucksvolles Naturschauspiel und zieht die Blicke aller auf sich.

Los geht's

Am meisten Spaß macht es, wenn man nicht alleine auf Sternenpirsch geht, sondern zusammen mit Gleichgesinnten. Beobachten Sie alleine, sollten Sie andere darüber informieren, wo Sie beobachten und wann mit Ihrer Rückkehr zu rechnen ist. Suchen Sie den Beobachtungsplatz am besten schon vor Sonnenuntergang auf, dann können Sie sich in Ruhe einrichten und erleben das Schauspiel des Sonnenuntergangs und der Dämmerungsfarben (s. Seite 76). Nach Einbruch der Dunkelheit haben sich Ihre Augen an die geringe Beleuchtungsstärke angepasst, einen Vorgang, den man „Dunkeladaption" nennt. Jetzt sind Ihre Augen besonders lichtempfindlich und werden auch die schwächsten Sterne noch erkennen. Doch schon ein kurzer Blick in eine helle Lichtquelle – eine Taschenlampe, einen Autoscheinwerfer, ein Handy- oder Notebook-Display – genügt, um die Dunkeladaption wieder zunichte zu machen. Danach dauert es eine Viertel- bis eine halbe Stunde, bis die Dunkeladaption wieder erreicht ist.

Nachdem die Himmelsrichtungen ermittelt sind, werden nach Einbruch der astronomischen Dämmerung (s. Seite 79) die bekanntesten Sternbilder identifiziert. Das sind in jedem Fall der Große Wagen und die Kassiopeia, im Winter der Orion und im Sommer das Sommerdreieck. Danach versucht man sich vorzustellen, wie der Himmelsäquator und die Ekliptik am Himmel verlaufen und bestimmt die auffälligsten Tierkreissternbilder. Währenddessen werden eventuell vorhandene Planeten ganz automatisch ins Auge stechen. Nachdem das geschafft ist, können am Ende der astronomischen Dämmerung auch lichtschwächere Sternbilder und die Milchstraße dingfest gemacht werden. Anschließend ist es an der Zeit, mit dem Fernglas nach hellen Nebeln, Sternhaufen und Galaxien zu suchen, was nicht schwer ist, wenn die Sternbilder erst einmal identifiziert sind. Anhand heller Sterne und ihrer relativen Stellung zu irdischen Objekten kann im Verlauf von Minuten und Stunden das bedächtige, aber stetige Voranschreiten der Himmelsrotation erfahren werden.

Praktische Lichtverstärker

Ein Fernglas, oft auch „Feldstecher" genannt, ist ein nützliches Hilfsmittel bei der Beobachtung zahlreicher Himmelsphänomene. In vielen Haushalten existieren bereits ein Fernglas, das als handliches Instrument leicht mitzuführen ist, ohne dass es aufgrund seines Gewichts oder seiner Abmessungen zur Last wird. Die Leistungsfähigkeit unserer Augen ist begrenzt, kann aber durch die Verwendung eines Fernglases in den folgenden Bereichen gesteigert werden:

> **Lichtsammelvermögen** Bei lichtschwachen Objekten am Nachthimmel kommt es darauf an, dass möglichst viel Licht „gesammelt" und wahrgenommen wird. Beim Lichtsammeln ist die Fläche der Linse der entscheidende Faktor, in die das Licht eintritt, also die Frontlinse eines optischen Systems. Im Quadrat zum Durchmesser dieser Linse steigt deren Lichtsammelvermögen: Eine Linse, die den doppelten Durchmesser hat als eine andere, verfügt also über ein vierfaches Lichtsammelvermögen. Während sich die Pupillen unserer Augen auf maximal etwa sieben Millimeter erweitern können, sind 30 bis 60 Millimeter für ein Fernglas typische Werte. Im Vergleich zum Auge verfügt ein Fernglas-Objektiv mit fünfzig Millimetern Durchmesser über ein siebzigfaches Lichtsammelvermögen. Das macht sich bemerkbar, sobald die Dämmerung einsetzt, dann nämlich lassen sich mit dem Fernglas auch dort noch Details erkennen, wo das Auge aufgrund der Dunkelheit längst passen muss. Am Nachthimmel sind die Auswirkungen dramatisch: Während unter Vorstadtbedingungen in einer mondlosen Nacht mit dem bloßen Auge nur etwa 900 Sterne sichtbar sind, bringt es das Fernglas bereits auf fast eine Million!

> **Vergrößerung** Jedes Fernglas liefert einen Anblick, der gegenüber dem Eindruck mit dem bloßen Auge vergrößert ist. Typischerweise beträgt der Vergrößerungsfaktor acht- bis 12-fach, je nach Modell. Das hört sich bescheiden an, ist aber ausreichend, um bereits viele Krater auf dem Mond, die vier hellsten Monde des Jupiters und die Phasen der Venus zu erkennen.

> **Trennvermögen** Als Trenn- oder Auflösungsvermögen wird die Eigenschaft bezeichnet, zwei eng

Ein großes Fernglas leistet mehr als ein kleines, ist aber auch größer und schwerer.

Mit dem Fernglas beobachten

Eine Brille mit Spezialfolie („Sonnenfinsternisbrille") erlaubt den gefahrlosen Blick zur Sonne.

nebeneinander liegende Punkte als solche erkennbar werden zu lassen. Das beste Beispiel dafür sind Doppelsterne, die mit dem bloßen Auge wie ein Stern aussehen. Betrachtet man sie aber mit einem Fernglas, ist zu erkennen, dass es sich in Wirklichkeit um zwei nahe zusammen stehende Sterne handelt.

Lieber klein und handlich

Die optischen Kennzahlen eines Fernglases sind mit zwei Zahlen charakterisiert, die auf jedem Gerät vermerkt sind: Die Vergrößerung, gefolgt von einem „×" und dem Durchmesser der Objektive in Millimeter. Lautet die Aufschrift zum Beispiel „10×42", vergrößert das

Fernglas zehnfach und jedes der beiden Objektive weist 42 Millimeter Durchmesser auf.

Hohe Vergrößerungen und große Objektivdurchmesser sind nicht zwangsläufig von Vorteil. Bei der Vergrößerung ist zu beachten, dass es spätestens ab etwa zehnfacher Vergrößerung schwierig wird, freihändig zu beobachten, weil das Bildzittern mehr und mehr zunimmt. Dann ist es besser, das Fernglas auf einem Stativ zu befestigen, was die ganze Sache aber umständlich werden lässt. Große Objektivdurchmesser auf der anderen Seite bedeuten schwere und unhandliche Geräte, die man im Zweifelsfall lieber zu Hause lässt, weil das Mitführen beschwerlich ist. Daher ist ein handliches, kleineres Fernglas mit präziser Optik oftmals die beste Wahl.

Ferngläser haben ein eingeschränktes Gesichtsfeld von nur wenigen Grad. Daher eignen sie sich nicht zur Beobachtung von ausgedehnten Himmelsobjekten, etwa einer großen Halo-Erscheinung oder Sternbildern. Es erfordert ein wenig Übung, ein Zielobjekt damit anzuvisieren. Durch die Unmenge an zusätzlich erkennbaren Sternen fällt die Orientierung am Sternenhimmel beim Blick durchs Fernglas anfangs schwer.

> ### Warnung!
> Bitte niemals und unter keinen Umständen mit einem Fernglas ohne spezielle Schutzfilter direkt in die Sonne schauen. Eine dauerhafte Schädigung der Augen bis hin zur völligen, irreversiblen Erblindung wäre die Folge!

Kosmischer Rhythmus mit Tücken

Ohne Himmelsbeobachtungen gäbe es keine praktikable Zeitmessung. Schon seit Urzeiten richtet sich die Einteilung der Zeit in Tage und Jahre nach dem Lauf der Gestirne, namentlich dem der Sonne. Eine komplette Rotation der Erdkugel um ihre eigene Achse bildet einen Tag und eine Nacht ab, während ein vollständiger Umlauf der Erde um die Sonne ein Jahr dauert, in dessen Rhythmus die Jahreszeiten wiederkehren. Diese kosmische Mechanik ist die Grundlage für Uhren, die den Tag in 24 Stunden aufteilen. Die Länge eines Tages ist dabei so bemessen, dass um die Mittagszeit die Sonne im Süden ihren Höchststand erreicht, der Sonnenaufgang immer morgens und der Sonnenuntergang stets abends stattfindet. Für unseren Lebensrhythmus hat sich das als praktikabel erwiesen und in erster Näherung mag diese Beschreibung auch zutreffen. Genau genommen teilen wir den Erdglobus aber in willkürliche „Zeitzonen" ein und richten uns auch nicht nach der „wahren", sondern einer „mittleren" Sonne. Das führt dazu, dass die Sonne eben nicht exakt um 12 Uhr mittags im Süden steht. Im Folgenden sollen diese beiden Faktoren genauer unter die Lupe genommen werden:

Die Ortszeit

Global gesehen steht zu einem bestimmten Zeitpunkt die Sonne nur an solchen Orten exakt im Süden, die alle auf einem einzigen Längengrad liegen. Beispielsweise liegen Hamburg und Ulm (fast) auf dem gleichen Längengrad (10. Längengrad in östlicher Richtung). Hamburg liegt zwar weiter nördlich, dennoch steht die Sonne um die gleiche Uhrzeit exakt im Süden wie in Ulm. Doch in Ortschaften, die weiter östlich liegen, steht die Sonne vorher im Meridian. In Berlin etwa erreicht sie diese Position 14 Minuten früher. In westlicher Richtung kulminiert sie später als in Hamburg oder Ulm, in Paris beispielsweise eine halbe Stunde. Würde man die Uhren auf diese Ortszeit abstimmen, müsste man nach einer Reise von Hamburg nach Paris die Uhr um 30 Minuten nach-, von Hamburg nach Berlin um 14 Mi-

Bei der Verwendung der Ortszeit würde man so manche U-Bahn verpassen.

nuten vorstellen. Ein heilloses Chaos wäre die Folge: Listen mit Uhrzeitangaben (beispielsweise Zugfahrpläne, Fernsehprogrammübersichten, usw.) würden praktisch nur für einen Längengrad gelten, ein unvorstellbarer Zustand.

Die Zeitzonen

Um dieses Problem zu vermeiden, wurden auf der Erde Zeitzonen geschaffen, innerhalb derer alle Uhren synchronisiert laufen, losgelöst von dem wahren Zeitpunkt der Sonnenkulmination. Deutschland beispielsweise gehört zusammen mit Ländern wie Frankreich, Spanien, Norwegen, Schweden, Polen, Österreich, Schweiz, Ungarn, Italien, Algerien, Niger, Angola, Namibia und etlichen anderen zu ein- und derselben Zeitzone. Bei Reisen innerhalb dieser Länder muss die Uhr nicht umgestellt werden, es sei denn, es gelten unterschiedliche Regelungen zur Sommerzeit. Gerne wird diese Zeitzone als „Mitteleuropäische Zeit", abgekürzt MEZ, bezeichnet. Ihre Ränder sind absolut willkürlich gezogen, beispielsweise folgt ihr westlicher Rand der politischen Grenze Spaniens zu Portugal, das bereits einer anderen Zeitzone angehört.

Vereinzelt gibt es auch Zeitzonen, die sich durch eine halbe Stunde von benachbarten Zonen unterscheiden, während in der Regel jeweils eine volle Stunde die einzelnen Zonen trennt. Eine Umstellung der Uhr ist nur dann fällig, wenn man von einer Zeitzone in eine andere reist.

Die zentrale Zeitzone ist die, innerhalb der die „Koordinierte Weltzeit" herrscht, abgekürzt UTC (Coordinated Universal Time), lokalisiert um den nullten Längengrad herum, der durch das alte Observatorium von Greenwich läuft. Die mitteleuropäische Zeit (MEZ) ist der UTC um eine Stunde, die mitteleuropäische Sommerzeit (MESZ) der UTC um zwei Stunden voraus. Wenn unsere Uhr im Dezember 10:00 Uhr (MEZ) anzeigt, ist es demnach erst 9:00 UTC.

Die Zeitzonen richten sich oft mehr nach politischen als nach natürlichen Gesetzen.

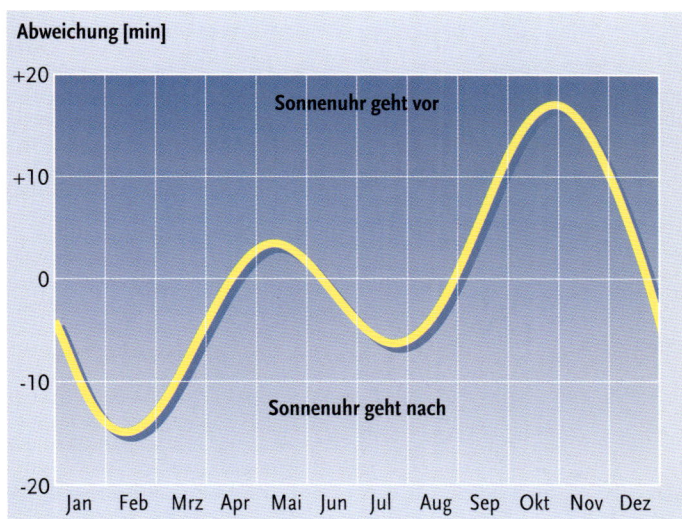

Abweichung [min]

+20

Sonnenuhr geht vor

+10

0

-10

Sonnenuhr geht nach

-20

Jan Feb Mrz Apr Mai Jun Jul Aug Sep Okt Nov Dez

Die Zeitgleichung zeigt an, zu welchem Datum die Sonnenuhr vor- oder nachgeht.

Die Zeitgleichung

Während unsere Uhren absolut gleichmäßig vor sich hin ticken, ist im Verlauf eines Jahres eine „Gangungenauigkeit" beim Sonnenlauf festzustellen. Misst man für ein- und denselben Ort die Uhrzeit, zu dem die Sonne kulminiert, stellt man fest, dass im Jahreslauf erhebliche Schwankungen auftreten. Dafür sind zwei Faktoren verantwortlich: Einerseits zieht die Sonne keineswegs mit konstanter Geschwindigkeit ihre Bahn entlang der Ekliptik, denn die Erde umrundet sie auf einer elliptischen Bahn mit unterschiedlicher Bahngeschwindigkeit. In Sonnennähe Anfang Januar ist die Bahngeschwindigkeit höher als in Sonnenferne Anfang Juli; die Periode ist ein volles Jahr.

Andererseits steht die Rotationsachse der Erde schräg im Raum, so dass die tägliche Bewegung der Sonne auf der Ekliptik – projiziert auf den Himmelsäquator – nicht immer den gleichen zeitlichen Nettoeffekt hervorruft. Wenn man die Ekliptik als Sinuskurve auffasst, auf der die Sonne von Tag zu Tag ein Stück vorrückt, zählt nur die Strecke, die sie auf der waagrechten Achse zurücklegt. Steigt die Sinuskurve steil an oder fällt stark ab, ist dieser Betrag relativ gering, auf dem „Gipfel" oder im „Tal" der Sinuskurve relativ größer. Die Periode dieses Faktors sind zwei Maxima und zwei Minima pro Jahr. Beide Faktoren, die Ellipsenbahn der Erde und die Schiefe der Erdachse im Raum, überlagern sich, verstärken sich zeitweise und kompensieren sich zu anderen Zeiten. Die resultie-

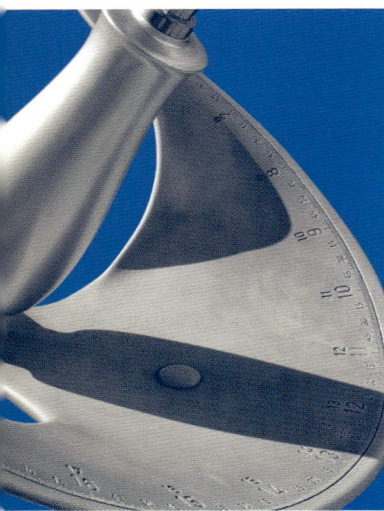

Die besondere Form des Schattenwerfers dieser Sonnenuhr korrigiert die Zeitgleichung ganz automatisch.

nimmum gibt es am 25. Juli (6,5 Minuten vor), ein Nebenmaximum am 14. Mai (3 Minuten, 40 Sekunden nach). Eine auf Ortszeit „justierte" Sonnenuhr geht demnach nur an vier Tagen im Jahr wirklich präzise. Schlimmstenfalls geht sie 16,5 Minuten nach oder 14,25 Minuten vor. Manche Sonnenuhren enthalten daher einen Mechanismus, um diese Abweichungen zu korrigieren. Im Einfachsten Fall ist das eine Kurve, an der man in Abhängigkeit zum Datum die jeweilige Abweichung ablesen und berücksichtigen kann. Das Sprichwort

Die Sonnenuhr geht immer richtig, die Räderuhr nimmt man zu wichtig. ist daher nicht zutreffend. Richtig hingegen ist der Reim

Die Pünktlichkeit der Sonnenuhr wird garantiert durch Korrektur. Zusammenfassend lässt sich sagen, dass es Astronomen waren, die den Lauf der Sonne und anderer Gestirne beobachteten, denen die Entstehung und Perfektionierung der heute im Gebrauch befindlichen Kalender zu verdanken ist. Die genannten Aspekte „Ortszeit" und „Zeitgleichung" sind dabei nur wichtige Teile. Längerfristige Abweichungen beispielsweise wurden durch die Einführung von Schaltjahren mit entsprechenden Ausnahmeregelungen kompensiert. Doch dank immer genauerer Zeitmessungsinstrumente ist es mittlerweile sogar möglich, geringste Abweichungen der Erdrotation festzustellen, die bei Bedarf durch die Einführung von „Schaltsekunden" an Silvester berücksichtigt werden. Sogar unvorhersehbare Ereignisse wie zum Beispiel schwere Erdbeben können sich auf die Rotationsgeschwindigkeit der Erde auswirken.

rende Abweichung pro Jahr wird „Zeitgleichung" genannt und gibt an, um wie viele Minuten die wahre Sonne von der mittleren Sonne abweicht. Mit anderen Worten: Um welchen Betrag eine Sonnenuhr vor- oder nachgeht. Diese Zeitgleichung nimmt viermal pro Jahr den Wert „Null" an, nämlich am 15. April, am 13. Juni, am 1. September und am 25. Dezember. Dazwischen gibt es zwei Minima und zwei Maxima pro Jahr, die unterschiedlich hoch bzw. tief ausfallen.

Die höchsten Abweichungen treten am 11. Februar (wahre Sonne kulminiert um 14 Minuten und 14 Sekunden vor der mittleren Sonne) und am 3. November (wahre Sonne kulminiert um 16,5 Minuten nach der mittleren Sonne) auf. Ein Nebenmi-

Es geht auch ohne Technik

Technische Errungenschaften machen die Frage nach dem Datum, der Uhrzeit, die Navigation und Orientierung heutzutage zum Kinderspiel. Statt den Blick zum Firmament zu richten, auf die „große Himmelsuhr", schaut man heute auf das Display von GPS-Empfängern und multifunktionalen Mobiltelefonen, um alle gewünschten Informationen bequem abrufen zu können. Datum und Uhrzeit können mit extrem hoher Präzision über den Langwellensender „DCF77" empfangen werden, eine Technik, von der alle Funkuhren Gebrauch machen, um sich selbst richtig einzustellen. Mit dem Internet verbundene Geräte können auf „Zeitserver" zurückgreifen, die den gleichen Zweck erfüllen. Mobile, für jedermann erschwingliche Navigationsgeräte machen es möglich, den eigenen Standort mit Hilfe von Satelliten auf wenige Meter genau zu bestimmen, auf einer detaillierten Karte anzuzeigen und sogar Ziele durch Führung auf Routen zu finden. Zusatzinformationen wie die Zeitpunkte des Sonnenauf- und Untergangs, Dämmerungszeiten, Phasen und Sichtbarkeiten des Mondes und selbst Wetterprognosen sind für jeden Ort der Erde durch die Hilfe von Applikationen oder spätestens durch Nutzung entsprechender Ressourcen im Internet zu erfahren. Diese Hilfsmittel sind schon eine tolle Sache, ganz besonders natürlich zur Planung bestimmter Beobachtungen. Man kann im Voraus in Erfahrung bringen, von wo aus welches Ereignis zu welcher Uhrzeit wie zu sehen sein wird.

Doch es hat einen eigenen Reiz, sich in die Frühzeit der Menschheitsgeschichte zurückzuversetzen und zu versuchen, durch den Blick zu den Gestirnen die richtigen Schlüsse zu ziehen. Es ist erstaunlich, wie einfach es ist, durch Himmelsbeobachtungen auch ohne technische Hilfsmittel die Orientierung nicht zu verlieren oder eine verloren gegangene wieder zu finden. Lassen wir uns einmal auf ein Gedankenexperiment ein, nämlich dass wir eines Morgens an einem völlig unbekannten Ort aufwachen würden. Technische Helferlein stehen nicht zur Verfügung, so dass ohne sie möglichst viele Informationen nur durch den Lauf von Sonne und Sternen zu gewinnen sind.

Grobe Positionsbestimmung

> **Nördlich oder südlich des Äquators?** Am Anfang steht die Frage, ob wir uns auf der Nord- oder der Südhalbkugel der Erde befinden. Dazu warten wir eine klare Nacht ab und halten nach dem Polarstern Ausschau. Das Sternbild Großer Wagen kann dabei helfen, ihn zu finden. Dabei muss bedacht werden, dass es Orte auf der Welt gibt, die zwar auf der nördlichen Erdhalbkugel liegen, von denen aus der große Wagen aber nicht „zirkumpolar" ist, also zeitweise auch untergeht und nicht immer am Himmel zu sehen ist. In diesem Fall kann das Sternbild Kassiopeia als Ersatz-Wegweiser dienen. Kann der Polarstern

irgendwo am Himmel ausgemacht werden, befinden wir uns auf der Nordhalbkugel der Erde. Steht er nicht am Himmel, sind wir auf der Südhalbkugel gelandet.

> Himmelsrichtungen Von der Nordhalbkugel aus sind die Himmelsrichtungen in einer klaren Nacht schnell zu bestimmen: Schauen wir direkt in Richtung des Polarsterns, ist das die Nordrichtung. Im Rücken liegt dann Süden, zur Rechten Osten und zur Linken Westen. Schwieriger wird es auf der Südhalbkugel, weil am südlichen Himmelspol kein hellerer Stern steht, es sei denn, man kennt die Sternbilder der südlichen Himmelssphäre und weiß, dass der gesuchte Punkt im Sternbild „Oktant" liegt. Falls nicht, muss durch länger andauernde Beobachtungen der Dreh- und Angelpunkt der Sterne bestimmt werden, also die Lage des südlichen Himmelspols. Wir könnten nach einem Stern suchen, der

Die Sternbilder Großer Bär (bzw. Großer Wagen) und Kassiopeia weisen den Weg zum Polarstern, der genau im Norden steht und daher auch „Nordstern" genannt wird. Die Höhe des Polarsterns über dem Horizont entspricht der geografischen Breite des Standorts. In Deutschland gehen Großer Bär und Kassiopeia nie unter, stehen als Wegweiser zum Polarstern also in jeder klaren Nacht zur Verfügung.

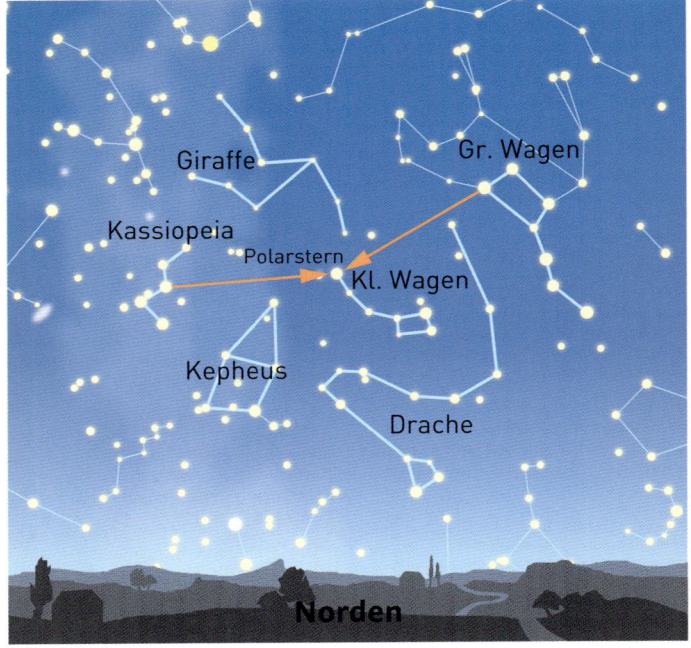

sich dem Horizont zwar nähert, aber nicht untergeht, sondern nach Erreichung eines tiefsten Punktes nahe dem Horizont wieder an Höhe gewinnt. Dort, wo er seinen Tiefststand erreicht, ist Süden. Blicken wir in diese Richtung, liegt im Rücken Norden, rechts Westen und links Osten.

Genaue Ortskoordinaten

> Geografische Breite Im Prinzip ist der Breitengrad leicht und unmittelbar bestimmbar, indem die Höhe des Himmelspols über der Horizontlinie ermittelt wird. D. h. steht der Polarstern beispielsweise 60 Grad hoch, befinden wir uns auf dem 60. nördlichen Breitgrad. Doch wie messen wir die Höhe eines Sterns ohne komplizierte Hilfsmittel? Diese Frage soll im folgenden Abschnitt geklärt werden.

> Grobe Winkelmessungen Winkel können mit der Hand am ausgestreckten Arm ungefähr bestimmt werden. Die Breite des ausgestreckten Zeigefingers entspricht etwa zwei, die des Daumens etwa drei Grad. Bildet man eine Faust mit dem Handrücken zum Gesicht, entspricht die ganze Faust etwa 10 Grad in der Breite. Alle vier Höcker der Fingerknochen vom Zeigefinger bis zum kleinen Finger spannen etwa 8 Grad auf. Wird die Hand maximal weit gespreizt, entspricht der Winkel vom Daumen bis zum kleinen Finger 20 Grad.

> Genaue Winkelmessungen Wenn für exakte Winkelbestimmungen kein Gerät zur Verfügung steht, müssen wir uns mit einfachen Mitteln behelfen und primitive

Winkelmessung mit ausgestreckter Hand

Winkelmessgeräte selbst herstellen. Ein Dreieck aus drei gleichlangen Schenkeln beispielsweise bildet an jeder Spitze einen Winkel von 60 Grad. Würde man einen Schenkel eines solchen Gebildes in zwei gleich lange Teile zerlegen, ergäbe sich ein rechtwinkliges Dreieck mit den Winkeln 90 und 30 Grad. Durch das Falten eines rechtwinkligen Papierbogens kann der rechte Winkel leicht in Hälften geteilt werden: 45 °, 22,5 °, 11,25 °, 5,625 ° und so weiter. Durch Kombination verschiedener Winkelmaße können neue gebildet werden, beispielsweise ergibt die gleichzeitige Verwendung des 60 °-Messers zusammen mit dem 45 °-Messer entweder 105 ° (60 °+45 °) oder 15 ° (60 °−45 °). Winkelmesser mit beliebigen Beträgen können wir anfertigen, wenn wir die Bewegung eines

Das Sternbild Adler mit seinem hellen Hauptstern Atair im Halsbereich des Greifvogels. Knapp oberhalb des Sterns, der die linke Schwinge markiert, zieht der Himmelsäquator entlang, der hier als dicke helle Linie eingezeichnet ist.

Sterns am Himmelsäquator verfolgen. Wo der Himmelsäquator verläuft, wird im nächsten Absatz geklärt. Alternativ sucht man sich Sterne aus, von denen man weiß, dass sie dem Himmelsäquator besonders nahe stehen. Das wären zum Beispiel „Mintaka", der westlichste der drei Gürtelsterne im Sternbild Orion oder „Theta Aquilae", der vierthellste Stern im Sternbild Adler, die linke Schwinge des Greifvogels. Beide Sterne legen innerhalb einer Minute 0,25 Grad, innerhalb einer Stunde 15 Grad zurück. Diese und andere Winkel könnten zur Eichung von Winkelmess-Instrumenten dienen, allerdings ist dazu ein Zeitmesser, also eine Uhr vonnöten.

> **Himmelsäquator** Die Lage des Himmelsäquators ist leicht zu ermitteln: Es ist eine Linie von Osten nach Westen, die im Süden (Nordhalbkugel) oder Norden (Südhalbkugel) ihre maximale Höhe erreicht. Diese errechnet sich durch die Formel: 90° minus die geografische Breite. Beträgt die geografische Breite 60 Grad, steht der Himmelsäquator nur 30 Grad hoch.

> **Sonnenhöhe** Jetzt stehen alle Informationen zur Verfügung, um zu errechnen, wie tief die Sonne im Winter sinkt und wie hoch sie im Sommer steigt. Die minimale Sonnenhöhe errechnet sich, indem von der Äquatorhöhe im Süden 23,5 Grad subtrahiert werden, der Sonnenhöchststand ist erreicht, wenn zu dieser Äquatorhöhe 23,5 Grad addiert werden. Bei 30° Äquatorhöhe betrüge der Tiefststand zu Winterbeginn demnach 6,5°, der Höchststand am Sommeranfang 53,5 Grad.

> **Datum** Durch genaue Beobachtungen des Sonnenlaufs kann das Datum, allerdings ohne Jahresangabe, bestimmt werden. An zwei

Tagen im Jahr beschreibt die Sonne zwischen Auf- und Untergang exakt den Lauf des Himmelsäquators, und zwar am Frühlingsanfang (20./21. März) und am Herbstanfang (22./23. September). Auf der Südhalbkugel der Erde gilt das Entsprechende mit vertauschten Datumsangaben. Um diese beiden Tage voneinander zu unterscheiden, müssen die Folgetage beobachtet werden: Nach dem Herbstbeginn (Nordhalbkugel) sinkt die maximale Sonnenhöhe, nach dem Frühlingsbeginn steigt sie an. Beginnend bei einem dieser Tage können wir pro Tag weiterzählen und einen Kalender führen.

> Ortszeit Ohne eine Uhr kann die geltende Ortszeit bestimmt werden, indem der Zeitpunkt bestimmt wird, an dem die Sonne ihren Höchststand am Himmel erreicht. Durch einen senkrechten, in den Boden gerammten Pflock kann dieser Zeitpunkt ziemlich genau ermittelt werden, wenn sein Schatten exakt in Nord-Süd-Richtung verläuft und dabei seine geringste Länge aufweist. Dabei ist allerdings die Zeitgleichung (s. Seite 27) zu berücksichtigen, andernfalls ist mit enormer Abweichung zu rechnen. An vier Tagen im Jahr allerdings entspricht die Ortszeit der wahren Sonne und die Differenz ist Null: Am 15. April, am 13. Juni, am 1. September und am 25. Dezember. An diesen Tagen kulminiert die Sonne exakt um 12 Uhr Ortszeit.

> Geografische Länge Ohne eine Uhr, die auf eine bekannte Zeit gestellt ist, lässt sich die geografische Länge nicht ermitteln. Alternativ bietet sich die Beobachtung der Jupitermonde (s. Seite 99) an, was jedoch einerseits ein leistungsfähiges Fernglas oder ein Teleskop, andererseits eine Tabelle der zuvor berechneten Jupitermond-Stellungen erfordert.

> Mit Taschenrechner Steht als Hilfsmittel ein einfacher Taschenrechner mit den Winkelfunktionen bereit, lässt sich eine Fülle weiterer Informationen errechnen, beispielsweise die Auf- und Untergangszeiten von Gestirnen, der tagesaktuelle Betrag der Zeitgleichung (s. Seite 27) oder sogar Finsternisse. Als einfaches Beispiel soll das Datum aus der gemessenen Deklination der Sonne rechnerisch ermittelt werden. Die bereits erwähnte Datumsbestimmung setzt eine Beobachtung an bestimmten Tagen voraus. Mit einer Formel hingegen gelingt es, aus der gemessenen Sonnenhöhe auf das Datum zu schließen. Um genau zu messen, wäre ein senkrecht stehender Stab eine wertvolle Hilfe.

Die Senkrechte lässt sich mit einem Seil und einem Lot einfach überprüfen. Ausgehend von diesem Stab sollte eine Linie auf dem Boden in Nordrichtung (Nordhalbkugel der Erde) verlaufen. Während die Sonne kulminiert, wird der Schatten des Stabs exakt auf diese Linie geworfen. Nun werden die Länge des Stabs (L) und die Länge des Schattens (l) gemessen, zur Not auch ohne absolute Einheiten. Die gesuchte Sonnenhöhe errechnet sich dann aus Arkustangens (L/l). Ist der Stab zwei Meter lang, sein Schatten 2,5 Meter, steht die Sonne: Arkustangens (2/2,5) = 38,7 Grad hoch. Befinden wir uns beispielsweise auf dem 60. Breitengrad, dann steht der Himmelsäquator in 30 Grad Höhe im Süden. Die gemessene, maximale Sonnenhöhe von 38,7 Grad bedeutet demnach, dass die Deklination der Sonne +8,7 Grad beträgt.

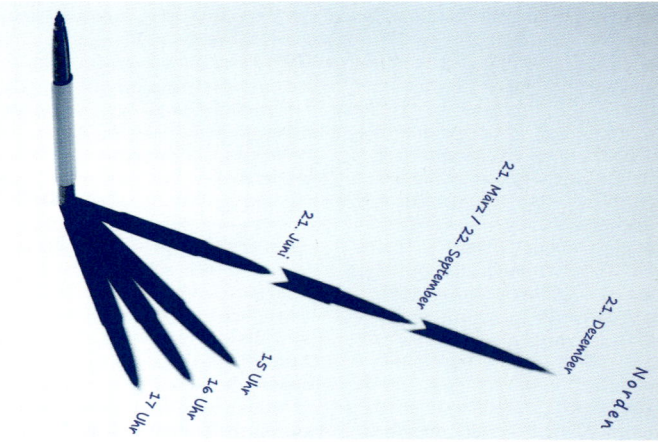

Der Schatten eines senkrecht aufgestellten Stabs lässt Rückschlüsse auf den Sonnenlauf zu.

Daraus lässt sich das Datum errechnen! Die Formel ist allerdings ein wenig komplizierter:

$$Tag = Arkuscosinus\left(-\frac{\delta}{23,5}\right) \times 1,01456 - 11$$

Dabei gilt, dass δ die Deklination ist und das Ergebnis „Tag" die Anzahl an Tagen ergibt, die seit Jahresbeginn vergangen ist. Berechnen wir das konkret genannte Beispiel, ergibt sich:

$$Arkuscosinus\left(-\frac{8,7}{23,5}\right) \times 1,01456 - 11 \approx 102$$

102 Tage nach Jahresbeginn bedeuten den 12. April. Die Formel liefert brauchbare Ergebnisse bis zum 21. Juni. Danach ändert sich die Formel:

$$Tag = 355 - Arkuscosinus\left(-\frac{\delta}{23,5}\right) \times 1,01456$$

In diese Formel eingesetzt könnte das Ergebnis auch lauten:

$$355 - Arkuscosinus\left(-\frac{8,7}{23,5}\right) \times 1,01456 \approx 242$$

Das ist der 30. August. An beiden Tagen, am 12. April und am 30. August, beträgt die Deklination der Sonne etwa +8,7 Grad.

Das Ziel dieses Ausflugs in die Mathematik ist nicht als Abschreckung gedacht, denn durch die Verwendung technischer Hilfsmittel kann man heutzutage ganz und gar auf eigene Berechnungen verzichten. Doch manche sehen einen besonderen Reiz darin, mit einfacher Technik, einem simplen Taschenrechner oder einer Tabellenkalkulations-Software die mathematischen Grundlagen zu ergründen, ohne die weder Planetariumsprogramme noch Navigationsgeräte funktionieren könnten. Mit diesen einfachen Instrumenten haben wir uns natürlich von der ursprünglichen Aufgabenstellung, uns völlig ohne Hilfsmittel zurechtzufinden, ein gutes Stück entfernt. Und wie lautet doch das Motto der Pfadfinder? Be prepared (sei vorbereitet)!

Viele Motive, viele Möglichkeiten

Entdeckt man seltene oder hübsche Phänomene am Himmel, kommt schnell der Wunsch auf, das Geschehen fotografisch festzuhalten. Mit der Zeit wächst auf diese Weise ein kleines Bildarchiv heran, was es am Tag- und am Nachthimmel zu sehen gibt. Digitale Kameras sind weit verbreitet, erschwinglich und teilweise so kompakt, dass man sie immer mit sich führen kann, ohne dass sie zur Last fallen. Dann ist man stets für den Fall der Fälle gerüstet, falls eine schöne Beobachtung gelingt, die man fotografieren möchte.

Um der großen Bandbreite und der Unterschiedlichkeit der fotogenen Vorgänge am Firmament Rechnung zu tragen, darf nicht der Eindruck erweckt werden, dass es dafür ein „Patentrezept" gibt:

> Helligkeit Während bei einer partiellen Sonnenfinsternis die enorme Lichtmenge der Sonne durch spezielle Filter enorm gedämpft werden muss, erfordert das schwach glimmende Band der Milchstraße am Nachthimmel eine lichtstarke Ausrüstung und lange Belichtungszeiten.

> Abmessungen Nur mit einem Super-Weitwinkel- oder Fischaugen-Objektiv wird es gelingen, den äußeren Regenbogen komplett zu erfassen. Andererseits erfordert ein einigermaßen detailliertes Foto des Mondes lange Brennweiten, also ein Tele-Objektiv.

> Vorhersehbarkeit Auf eine Finsternis oder das Eintreten einer schönen Konstellation kann man sich gründlich vorbereiten. Andere Ereignisse wie Sternschnuppen oder das Auftreten einer Halo-Erscheinung sind nicht oder schwer planbar, treffen einen Fotografen oft gänzlich unerwartet. Dann hilft nur Improvisation dabei, zu einem brauchbaren Foto zu kommen.

Motive am Taghimmel

Ziemlich unproblematisch sind fast alle Motive am Taghimmel. Wenn genügend Licht zur Verfügung steht, sind praktisch alle Kamerasysteme zu gebrauchen, von der einfachen digitalen Kompaktkamera bis zur digitalen Spiegelreflexkamera. Notfalls kann man sogar zum Fotohandy greifen, wenn keine andere Kamera zur Verfügung steht, um ein Phänomen einzufangen. Bei

So lange es noch hell genug ist, können selbst Kompaktkameras eindrucksvolle Himmelsereignisse im Bild festhalten.

Himmelsphänomene fotografieren

Innerer und äußerer Regenbogen: Ein Motiv für jede Art von Kamera.

Bei Wolkenfotos empfiehlt es sich, den Vordergrund einzubeziehen.

Tageslicht entsprechen viele der himmlischen Motive hinsichtlich der Aufnahmetechnik gewöhnlichen Aufnahmesituationen, so dass sie ohne besondere Einstellungen im Automatikmodus fotografiert werden können. Das betrifft beispielsweise Wolken, einen Regenbogen, ein Brockengespenst und etliche Halo-Erscheinungen rund um die Sonne. Doch gerade, wenn die Sonne im Spiel ist, müssen besondere Vorsichtmaßnahmen gelten, um die Kamera – und noch wichtiger die Augen – nicht zu gefährden:

> Sonne Die Leuchtkraft der Sonne hat eine zerstörerische Wirkung, die unbedingt beachtet und respektiert werden muss. Schauen Sie niemals direkt in die Sonne, es sei denn, sie steht so knapp über dem Horizont und ist durch Dunst so weit gedämpft, dass man beim Hinschauen nicht die Augen zukneifen muss. Verzichten Sie im Zweifelsfall darauf. Ganz besonders gilt diese Warnung, wenn optische Geräte im Spiel sind, etwa ein Fernglas oder eine Kamera. Richten Sie eine Kamera mit „elektronischem Sucher" niemals auf die gleißend helle Sonne, andernfalls kann der Aufnahmesensor innerhalb kürzester Zeit geschädigt werden – für die Kamera bedeutet das in vielen Fällen einen Totalschaden. Auch ein optischer oder Spiegelreflex-Sucher sollte dem Sonnenlicht nur für kurze Zeiträume von wenigen Sekunden exponiert werden, um Schäden an der Kamera zu vermeiden. Damit die Augen nicht gefährdet werden, fotografieren Sie am besten, ohne dabei durch den Sucher zu schauen.

> Sonnenfinsternisse Sollen die Umrisse der Sonnenkugel auf einem Foto erkennbar sein, etwa um die Phasen einer Sonnenfinsternis festzuhalten, müssen unbedingt speziell dafür geeignete Schutzfilter verwendet werden. Die einzige

Bei einer totalen Sonnenfinsternis werden die Strahlen der Sonnenkorona sichtbar.

Der Bildsensor einer Spiegelreflexkamera ist größer als der einer Kompaktkamera.

Ausnahme betrifft die kurze Phase der totalen Verfinsterung bei einer totalen Sonnenfinsternis – dann muss das Filter sogar entfernt werden. Greifen Sie bei der Suche nach einem Schutzfilter keinesfalls zu „Hausmitteln" wie rußgeschwärzten Scheiben oder ähnliches, sondern besorgen Sie sich im Fernrohr-Fachhandel für wenig Geld eine DIN A4-große, spezielle Sonnen-Filterfolie, aus der Sie viele Filter für Ihre Objektive und Ihr Fernglas basteln können. Diese Folien sind nicht nur sicher, sondern liefern darüber hinausgehend auch sehr gute Bilderergebnisse.

Motive bei Dunkelheit

Radikal anders sind Sie Verhältnisse, sobald es dunkel wird. Jetzt ist das Problem nicht ein Zuviel, sondern der Mangel an Licht. Während in der hellen Dämmerung noch immer mit allen Kamerasystemen und den Automatikfunktionen hantiert werden kann, sind bei zunehmender Dunkelheit jene Kameras im Vorteil, die über einen großen Bildsensor und ein lichtstarkes Objektiv verfügen. Mit einer digitalen Spiegelreflexkamera sind beide Bedingungen am besten erfüllbar. Nachts schlägt also die Stunde der DSLR, wie die digitalen Spiegelreflexkameras oftmals genannt werden (DSLR = Digital Single Lens Reflex). Andere Kamerasysteme treten mehr und mehr in den Hintergrund, sind oftmals für das Arbeiten unter einem Sternenhimmel schlicht und ergreifend nicht zu gebrauchen. Der Grund dafür ist in erster Linie ihr kleiner Bildsensor, dessen Fläche nicht ausreicht, um das schwache Sternenlicht festzuhalten – völlig verpixelte und durch elektronisches Bildrauschen entstellte Fotos sind zu erwarten. Eine ideale Ausrüstung für Fotos

Himmelsphänomene fotografieren

Objektive mit fester Brennweite verfügen – im Gegensatz zu Zoomobjektiven – über eine hohe Lichtstärke.

des nächtlichen Sternenhimmels mit seinen Erscheinungen besteht daher aus den folgenden Komponenten:

> **DSLR-Kamera** Bei der Auswahl des Kameragehäuses oder -herstellers kann man eigentlich keinen Fehler machen; schlechte Kameras gibt es in diesem Segment nicht. Wenn es hier eine Empfehlung gibt, dann allenfalls die, zu einem namhaften, führenden DSLR-Hersteller zu greifen, weil dafür das meiste Zubehör angeboten wird. Modelle mit großen Bildsensoren sind denen mit kleinen vorzuziehen, auch wenn sich die Sensorgröße letztlich bei den Abmessungen, dem Gewicht und dem Preis der Kamera niederschlägt.

> **Objektiv(e)** Für Aufnahmen des Nachthimmels kann ein Objektiv gar nicht lichtstark genug sein. Die heute so beliebten Zoomobjektive mögen ihre Vorteile haben, lichtstark sind sie meistens nicht. Objektive mit fester Brennweite verfügen über eine weitaus höhere Lichtstärke. Als Lichtstärke wird die größtmögliche Blendenöffnung bezeichnet, die einstellbar ist. Je kleiner der Blendenwert, desto größer die Blendenöffnung und desto lichtstärker ist das Objektiv. Die Lichtstärke ist ein wichtiges Charakteristikum eines Objektivs und daher auf der Fassung eingraviert. Bei Zoomobjektiven findet sich meist eine variable, von der eingestellten Brennweite abhängige Lichtstärke, etwa „3,5–5,6" oder „4–6,3". Wünschenswert für Nachtaufnahmen sind jedoch Lichtstärken von mindestens 2,8 oder 2,0. Selbst die lichtstärksten Zoomobjektive haben nur eine Lichtstärke von 2,8. Festbrennweitige Objektive hingegen bringen es oft auf 2,0, 1,8 oder gar 1,4! Am universellsten nutzbar ist ein leichtes Weitwinkelobjektiv mit einer hohen Lichtstärke, je nach Sensorgröße also ein Objektiv mit 35 oder 28 bzw. 24 Millimeter Brennweite und einer Lichtstärke von mindestens 2,0. Ein starkes Weitwinkelobjektiv ist eine gute Ergänzung, bei dem zur Not auf höchste Lichtstärke verzichtet werden kann, weil man länger belichten darf, ohne dass die Sterne zu Strichen werden. Wenn zudem ein leichtes Teleobjektiv mit hoher Lichtstärke zur Verfügung steht, ist man für fast alle Fälle gerüstet.

> **Stativ** Ohne Stativ würden die Fotos bei Nacht verwackelt werden, weil die benötigten Belichtungszeiten zu lang sind. Das Stativ muss einerseits stabil genug sein, um auch bei Windböen die Kamera ruhig zu tragen, andererseits sollte es leicht und kompakt genug für den Transport sein.

> **Kabelauslöser** Um die auf dem

Stativ stehende Kamera berührungslos auslösen zu können, wird ein Kabelauslöser verwendet. Auch drahtlose Funk- oder Infrarot-Auslöser erfüllen diesen Zweck, benötigen aber eine separate Batterie.

> Filter Fast hört es sich absurd an, aber Digitalkameras tendieren dazu, die Sterne zu scharf abzubilden. Weder die relative Helligkeit noch die Eigenfarbe der Sterne erscheinen dann auf dem Foto so, wie wir sie mit dem bloßen Auge empfinden. Abhilfe schafft ein leichtes Weichzeichner-Filter, wie es häufig in der Portraitfotografie eingesetzt wird. Seine Wirkung besteht darin, ein scharfes mit einem unscharfen Bild zu überlagern.

Auf dem Display der Spiegelreflexkamera kann im Live-View-Modus die Scharfeinstellung sicher vorgenommen werden.

Hindernisse in der Nacht

Mit einer derartigen Ausrüstung ist man bestens gerüstet, um Konjunktionen/Konstellationen, Dämmerungsphasen, Sternbilder, Polarlichter, Sternschnuppen und die Milchstraße aufzunehmen. Selbst lichtschwache Sternhaufen, Gasnebel und Galaxien können auf diese Weise bereits erfasst werden, wenn auch nicht formatfüllend und in ganzer Pracht. Dennoch muss bedacht werden, dass die eingesetzten Kamerasysteme nicht speziell für den nächtlichen Betrieb vorgesehen sind. Welche Schwierigkeiten dadurch auftreten und wie sie gemeistert werden können, soll nachfolgend zur Sprache kommen:

> Fokus Gewöhnlich sorgt der Autofokus für die Einstellung der Bildschärfe, benötigt dafür aber eine gewisse Mindesthelligkeit und kontrastreiche Bereiche. Beides ist in der Nacht nicht gegeben, daher wird der Autofokus unbrauchbar. Punktlichtquellen wie Sterne oder Planeten überfordern die meisten Autofokus-Systeme hoffnungslos, allenfalls der Mond als flächiges Objekt kann funktionieren. In allen anderen Fällen muss der Autofokus abgeschaltet und manuell scharf gestellt werden. Eine immense Hilfe dabei ist eine „Live-View-Funktion" der Kamera, bei der ein vergrößertes Abbild auf dem Kameradisplay erscheint und anhand eines hellen Sterns oder Planeten der Fokus zielsicher manuell eingestellt werden kann.

> Elektronisches Bildrauschen Digitalkameras leiden unter dem Bildrauschen, einer sichtbaren Verschlechterung der technischen Bildqualität durch „Pixelgrieseln": Einheitlich helle und gleichmäßig farbige Flächen wie der Himmel erscheinen dann bei näherer Betrachtung als Ansammlung unterschied-

Himmelsphänomene fotografieren

Das linke Bild leidet im Gegensatz zum rechten nicht unter störendem Bildrauschen, denn es wurde mit einem geringeren ISO-Wert aufgenommen.

lich heller und unterschiedlich farbiger Pixel. Dieses Rauschen kann ein ganzes Bild verderben. Hohe Temperaturen, lange Belichtungszeiten und hohe ISO-Werte (s. nachfolgender Punkt) führen zu einem Anstieg des Bildrauschens. Gegen die Temperatur ist man machtlos, aber die Belichtungszeit sollte nicht unnötig lang sein. Prüfen Sie, ob ihre Kamera im Menü einen oder mehrere Einträge zur Rauschreduktion anbietet.

> **ISO-Wert** Je nach eingestelltem ISO-Wert reagiert der Bildsensor mehr oder weniger empfindlich auf eintreffendes Licht. Die Verlockung, bei dunklen Motiven einen hohen ISO-Wert einzustellen, ist groß, doch es muss bedacht werden, dass das elektronische Bildrauschen bei steigendem ISO-Wert ebenfalls zunimmt. Andererseits darf die Belichtungszeit nicht zu lange dauern, weil sich sonst die Himmelsdrehung (siehe nachfolgender Punkt) bemerkbar macht und die Sterne strich- statt punktförmig abgebildet werden. Die Faustregel für den ISO-Wert lautet daher: „So niedrig wie möglich und so hoch wie unbedingt nötig".

> **Himmelsdrehung** Wer den Sternenhimmel oder die Milchstraße fotografieren möchte, muss bedenken, dass er ein bewegliches Motiv vor der Kamera hat. Durch die Rotation der Erde ist der Himmel in ständiger, scheinbarer Bewegung. Bei zu langer Belichtungszeit macht sich die Himmelsdrehung dadurch bemerkbar, dass die Sterne als Striche auf dem Foto erscheinen. Bei Benutzung eines Fotostativs ist eine entsprechend begrenzte Belichtungszeit die einzige Methode, das zu verhindern. Wie lange die maximal zulässige Belichtungszeit sein darf, hängt stark vom Bildwinkel des Objektivs ab: Während mit einem Weitwinkelobjektiv durchaus zehn, 20 oder gar 30 Sekunden lang belichtet werden darf, reduziert sich diese Grenze bei Verwendung von Teleobjektiven auf wenige Sekunden. Sprengen lassen sich diese Limits nur durch den Einsatz einer astronomischen Montierung, die motorisch angetrieben ist und die Kamera den Sternen nachführt.

> **Schwere Bedienbarkeit** Bei Dunkelheit sind die Bedienungselemente der Kameras nicht mehr zu erkennen. Am besten verwendet man

eine kleine Taschenlampe mit rotem Licht.

> **Kälte** Tiefe Temperaturen machen vor allem dem Akku zu schaffen, dessen Leistung bei Kälte schnell nachlässt. Halten Sie einen Ersatz-Akku bereit, der in einer körpernahen Tasche warm gehalten wird.

> **Tau** In Nächten mit hoher Luftfeuchtigkeit kann es vorkommen, dass die Frontlinse beschlägt. Mit einer Streulichtblende („Gegenlichtblende") lässt sich dieser Vorgang wirksam verzögern. Ist es erst einmal passiert, sollte man die Linse nicht abwischen, sondern die Kamera an einen wärmeren Ort verbringen, bis sie wieder abgetaut ist. Doch Vorsicht, ist der „Temperaturschock" zu groß, beschlagen sogar die inneren Teile der Kamera und es kann Stunden dauern, bis sie wieder verwendbar ist!

Los geht's

Um eine „Landschaftsaufnahme" mit Sternen zu machen, beziehen Sie den irdischen Vordergrund ins Bild ein. Wenn Sie im Sucher wenig oder nichts erkennen, müssen Sie den besten Ausschnitt durch Probeaufnahmen ermitteln. Das dunkle Sucherbild sollte Sie aber nicht nervös machen, denn das spätere Bild wird bedeutend heller sein! Stellen Sie die Kamera auf ein Stativ und fokussieren Sie sorgfältig auf die Sterne. Dann kommt das Weichzeichner-Filter auf das Objektiv. Folgende Einstellungen sind an der Kamera vorzunehmen:

> **Autofokus** OFF, bzw. Manuell.
> **Weißabgleich** Manuell auf Tageslicht (Symbol „Sonne")
> **Bildqualität** Die bestmögliche, die einstellbar ist

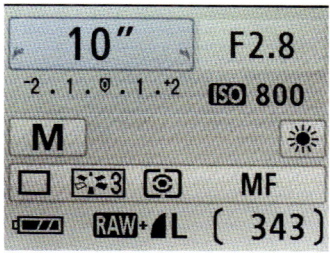

Die Einstellungen für Aufnahmen in der Dunkelheit sind auf einen Blick sichtbar.

> **Belichtung** Manuell („M")
> **Blende** Größtmögliche Öffnung, kleinstmögliche Blendenzahl (z. B. „2,8")
> **Belichtungszeit** 10 Sekunden
> **ISO** 800

Lösen Sie mit dem Kabelauslöser erschütterungsfrei aus und beurteilen Sie das Bild auf dem Display. Es kann sein, dass die Kamera nach der zehnsekündigen Aufnahme weitere zehn Sekunden für die „Rauschreduktion" benötigt und das Bild erst danach angezeigt werden kann. Ist die Aufnahme zu hell, reduzieren Sie die Belichtungszeit. Eine Belichtungszeit-Verlängerung ist wegen der Himmelsdrehung nur begrenzt möglich.

> **Tipp** Die Landschaft ist besser zu sehen, wenn es noch leicht dämmrig ist oder der Mond am Himmel, außerhalb des Bildausschnitts steht.

> **Bildbearbeitung** Eine Nachtaufnahme kommt nur in den seltensten Fällen als perfektes Digitalfoto aus der Kamera. Meistens ist es für ein optimales Resultat vonnöten, den Kontrast, die Helligkeit, die „Gradation" und die Farbbalance durch anschließende Bildverarbeitung im Computer anzupassen.

Himmels-phänomene am Tag

Blauer Himmel

Der unbewölkte Himmel erscheint tagsüber blau. Ohne Atmosphäre würden wir auch am Tag ins dunkle Weltall blicken.

> **Merkmale** Ohne die Lufthülle der Erde würde der Himmel immer wolkenlos sein und schwarz erscheinen. Die Sonne schiene etwas heller als gewohnt und gleichzeitig wären am dunklen Himmel die hellsten Sterne und Planeten zu sehen. Doch die diffuse Streuung des Sonnenlichtes, vor allem durch die Elemente Sauer- und Stickstoff, bewirkt eine Aufhellung des Taghimmels.

> **Vorkommen** Das Blau des Himmels ist an klaren Tagen oder in Wolkenlücken stets zu sehen, so lange die Sonne über oder allenfalls knapp unter dem Horizont steht.

> **Wissenswertes** Die Lichtstreuung an den Luftmolekülen betrifft nicht alle Wellenlängen, also alle Farben, im gleichen Maß: Kurzwelliges, blaues Licht wird viel stärker gestreut als Farben mit längerer Wellenlänge, etwa Rot. Dadurch nimmt der Himmel seine blaue Farbe an. Besonders intensiv ist das Himmelsblau in großer Höhe, also im Gebirge. Dann liegen die Luftschichten mit dem meisten Wasserdampf und Staub unterhalb des Beobachters. Je höher die Gipfel und je klarer die Atmosphäre ist, desto mehr verschiebt sich die Himmelsfarbe von Azurblau in Richtung Dunkel- und Stahlblau. An größeren Teilchen, etwa Wassertröpfchen und Staubpartikeln, werden praktisch alle Wellenlängen des sichtbaren Lichts in gleicher Weise gestreut: Daher führen hohe Luftfeuchtigkeit oder Wolkenschleier zu einem milchigen Himmelsanblick. Mit einem Polfilter aus der Fotoausrüstung lässt sich die Blaufärbung des Himmels intensivieren, am stärksten im rechten Winkel zur Sonne.

Sonne

Die Sonne ist ein Stern im Zentrum unseres Planetensystems.
Ohne sie könnte auf der Erde kein Leben existieren.

› Merkmale Die Sichtbarkeit der Sonne trennt den Tag von der Nacht.

› Vorkommen Jeden Tag geht die Sonne im Osten auf, erreicht um die Mittagsstunden ihren Höchststand im Süden und geht im Westen wieder unter. Zumindest in den gemäßigten Breiten trifft das zu. Auf dem fünfzigsten Breitengrad schwankt die Tageslänge zwischen 16,5 Stunden (Sommeranfang) und acht Stunden und zehn Minuten (Winteranfang). Zu Frühlings- und Herbstbeginn herrscht die Tagundnachtgleiche mit jeweils zwölf Stunden Tageslänge.

› Wissenswertes Mit einem Durchmesser von rund 1,4 Millionen Kilometer hat die Sonne den 109-fachen Erddurchmesser. In rund 150 Millionen Kilometern Entfernung von ihr bewegt sich die Erde pro Jahr einmal um sie herum. Das Licht benötigt für diese Strecke acht Minuten und 20 Sekunden. Ihren ungeheuren Energiebedarf deckt die Sonne durch Kernfusion, die Umwandlung von Wasserstoff in Helium. Dabei wird Masse in Energie umgewandelt, so dass die Sonne in jeder einzelnen Sekunde mehr als vier Millionen Tonnen leichter wird! Die Kernfusion im Zentrum läuft bei Temperaturen um 15 Millionen Grad ab, während es an der Oberfläche „nur" ca. 5500 Grad heiß ist. Durch die leicht elliptische Form der Erdbahn steht die Erde Anfang Januar in Sonnennähe, Anfang Juli in Sonnenferne. Die Sonnenaktivität schwankt zyklisch. Alle elf Jahre ist ein Sonnenflecken-Maximum zu beobachten, dazwischen treten weitgehend fleckenlose Perioden auf.

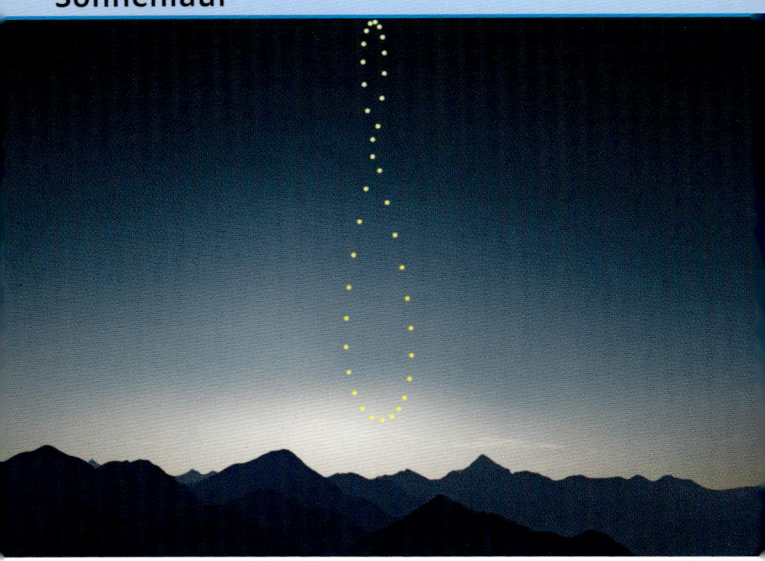

Die Bahn der Sonne über dem Horizont ändert sich im Laufe eines Jahres, abhängig von der geografischen Breite.

› Merkmale Durch die Neigung der Rotationsachse der Erde um etwa 23,5 Grad gegen ihre Bahnebene verändert sich die scheinbare Bahn der Sonne am Himmel von Tag zu Tag.

› Vorkommen Um die Sonnenbahn zu verfolgen, sind Beobachtungen über mehrere Monate notwendig. An jedem klaren Tag kann festgehalten werden, wo die Sonne auf- und untergeht. Dazu muss die Beobachtung immer vom gleichen Ort aus erfolgen. Am besten notiert man sich das Datum und ein markantes Merkmal am Horizont als Bezugspunkt (z. B. „3. März: Aufgang knapp links des Kirchturms") oder hält den Moment fotografisch fest.

› Wissenswertes Nur zu Frühlings- und Herbstbeginn liegt der Auf- und Untergangspunkt genau im Osten bzw. Westen. Nach Frühlingsanfang verlagert sich der Aufgangs-punkt nach Nordosten, der Untergangspunkt nach Nordwesten, während die Sonnenhöhe zur Mittagszeit ansteigt. Ein spannendes Ergebnis entsteht, wenn man die Stellung der Sonne an möglichst vielen Tagen im Jahr um exakt 12 Uhr mittags (13 Uhr Sommerzeit!) festhält. Dazu verwenden Sie am besten einen stabilen Pflock, dessen Schattenspitze Sie auf dem Boden markieren. Im Jahreslauf entwickelt sich eine Figur, die der Zahl „8" ähnelt, ein sogenanntes Analemma. Der Grund dafür ist die Zeitgleichung (s. Seite 27).

Fernglastipp
Im Fernglas mit Schutzfilter (!) können die Sonnenflecken gesehen werden.

Partielle Sonnenfinsternis

Schiebt sich der Neumond vor die Sonne, ohne sie komplett abzudecken, entsteht eine partielle Sonnenfinsternis.

> **Merkmale** Ein mehr oder minder großer Teil der Sonnenkugel wird vom dunklen Neumond verfinstert. Je nach Verfinsterungsgrad kann das ganze Spektakel vier Stunden und länger dauern. Eine Sonderform ist die ringförmige Finsternis, wenn die scheinbare Größe der Sonne die des Mondes übertrifft.

> **Vorkommen** Pro Jahr finden zwei bis drei Sonnenfinsternisse statt, die aber nur von denjenigen Gebieten der Erde aus sichtbar sind, die vom Schatten des Mondes überstrichen werden. Die Beobachtung ist nur mit speziell dafür geeigneten Schutzbrillen möglich, um keine Augenschäden zu riskieren! Das Erlebnis bei einer partiellen Sonnenfinsternis ist nicht mit dem bei einer totalen zu vergleichen; subjektiv gesehen wird es nicht einmal dunkler. Dennoch ist es eine der seltenen Gelegenheiten, den Neumond einmal zu Gesicht zu bekommen.

> **Wissenswertes** Sonnenfinsternisse können nur stattfinden, wenn der Mond zwischen Sonne und Erde steht, also bei Neumond. Würde der Mond in exakt der gleichen Ebene die Erde umkreisen, in der die Erde die Sonne umläuft, käme es bei jeder Neumondstellung zu einer Sonnenfinsternis, also alle 29,5 Tage. Doch die Mondbahn ist um rund fünf Grad geneigt, so dass es nur dann zu einer Finsternis kommt, wenn die Neumondstellung mit dem Zeitpunkt zusammenfällt, zu dem der Mond die Sonnenbahnebene kreuzt. Diese Positionen nennt man noch heute „Drachenpunkte", weil man früher glaubte, ein Drache würde dann die Sonne auffressen.

Totale Sonnenfinsternis

Bedeckt der Mond die Sonne vollständig, herrscht eine totale Sonnenfinsternis – das eindrucksvollste Himmelsschauspiel.

> **Merkmale** Zwar ist die Sonne rund 400-mal größer als der Mond, allerdings auch 400-mal weiter von uns entfernt. Diesem Glücksfall ist es zu verdanken, dass der Neumond die Sonne exakt passend bedecken kann. Dann wird die Korona der Sonne sichtbar.

> **Vorkommen** Eine totale Sonnenfinsternis ist nur innerhalb eines schmalen, maximal 273 Kilometer breiten Streifens zu sehen, der von der Kernschattenspitze des Neumondes überstrichen wird. Praktisch ist das fast immer mit einer Reise dorthin verbunden, aber fast in jedem Jahr findet irgendwo auf der Erde eine totale Sonnenfinsternis statt. Vor und nach der Totalität herrschen die gleichen Bedingungen wie während einer partiellen Sonnenfinsternis. Doch mit der totalen Verfinsterung ändert sich das Bild dramatisch: Es wird dunkel und kühler, Sterne und Planeten sind zu sehen, während der von einem Strahlenkranz umgebene, schwarze Mond am Himmel steht.

> **Wissenswertes** Während der Totalität werden rötliche Flammenzungen am Sonnenrand sichtbar, die Protuberanzen. Ebenso die strahlige Korona, deren Struktur eindeutig die magnetischen Pole der Sonne markiert. Die Phase der totalen Verfinsterung dauert maximal 7,5 Minuten; die meisten Finsternisse sind bedeutend kürzer. Wer eine möglichst lange Totalität erleben möchte, muss seinen Beobachtungsort so wählen, dass er genau in der Mitte des Schattenpfades liegt. Zum Rand dieses Pfades hin schrumpft die Totalitätsdauer mehr und mehr, außerhalb dieses Pfades ist die Finsternis nur partiell.

Sonnenhalo

Die auffälligste Halo-Erscheinung ist ein heller Ring um die Sonne, hervorgerufen durch Wolken aus Eiskristallen.

> Merkmale Von einer Halo-Erscheinung spricht man, wenn um die Sonne herum Ringe, Bögen oder Flecken aufleuchten. Geeignet dafür sind Tage mit hoher Bewölkung. Gar nicht so selten bildet sich dann ein mehr oder weniger geschlossener Ring um die Sonne, dessen Winkelradius 22 Grad beträgt.

> Vorkommen Sonnenhalos sind an etwa 100 Tagen im Jahr zu sehen. Viele bleiben unbemerkt, weil man nicht oft in Richtung der Sonne schaut. Doch an Tagen, an denen hoch schwebende Cirrus- und Cirrostratus-Wolken (s. Seite 63) den Himmel mit einem milchig-weißen Schleier überziehen, lohnt die Suche. Spreizt man die Hand am ausgestreckten Arm, ergibt sich zwischen Daumen und kleinem Finger gerade der Radius des Halo-Rings. Der scharfe Innenrand des Ringes ist manchmal rötlich gefärbt. Es ist vorteilhaft, wenn die grelle Sonne mit der Hand abgedeckt wird.

> Wissenswertes Halos kommen durch Eiskristalle in ca. zehn Kilometer hohen Schleierwolken zustande. In den kleinen, wenigen Zehntelmillimeter großen Eiskristallen mit hexagonaler Form findet eine Lichtbrechung in alle Richtungen statt, die jedoch im 22-Grad-Winkel einen Höhepunkt erreicht. Ein weiteres Maximum entsteht beim Radius von 46 Grad. Selten sieht man dann diesen größeren Ring, der breiter und lichtschwächer ist. Wenn überhaupt, sind meistens nur Fragmente davon erkennbar. Auch Nebensonnen, der Zirkumzenitalbogen und die Lichtsäule (s. Seiten 50, 51 und 70) gehören zu den Halo-Erscheinungen.

Nebensonne

Nebensonnen treten als helle Flecken neben der Sonne zutage. Sie können links, rechts, manchmal auch beidseitig auftreten.

> Merkmale Nebensonnen gehören zu den Halo-Erscheinungen, die an Tagen mit Schleierbewölkung auftauchen können. Stets nehmen sie die gleiche Höhe über dem Horizont ein, in der auch die Sonne steht. Nicht selten sieht man eine Differenzierung der Nebensonne in Farben und einen von der Sonne weg gerichteten „Schweif".

> Vorkommen Steht die Sonne nur knapp über dem Horizont, beträgt der Abstand von ihr zu den Nebensonnen 22 Grad. Sie bilden dann quasi eine Aufhellung des ringförmigen 22-Grad-Halos, sofern ein solches gleichzeitig auftritt. Je höher die Sonnenstellung ist, desto größer wird auch der Winkel zwischen Sonne und Nebensonnen: Er wächst bei 45 Grad Sonnenhöhe bereits auf 30 Grad an. Doch bei niedrig stehender Sonne sind Neben-

sonnen häufiger. Wird die Sonne abgedeckt, z. B. durch die ausgestreckte Hand, lassen sich Nebensonnen besser studieren. Ihre Färbung wird verstärkt, wenn sie durch ein Polarisationsfilter betrachtet werden. Der Sonne zugewandt sind sie dann rot, auf der Außenseite blau gefärbt. Mit Nebensonnen ist an ca. 70 Tagen pro Jahr zu rechnen.

> Wissenswertes Die Nebensonnen verdanken ihre Entstehung der Lichtbrechung und -reflektion in den Eiskristallen der Schleierwolken. Die verantwortlichen Kristalle haben eine hexagonale Form und sind dabei stark abgeflacht, gleichen also dünnen Plättchen. Bei ihrem Fall nach unten ordnen sie sich durch die Schwerkraft mehrheitlich horizontal aus und geben dadurch die bevorzugte Weise der Lichtreflektion vor.

Zirkumzenitalbogen

Ein meist farbiger Bogen oberhalb der Sonne, der einem Regenbogen gleicht, aber immer in der Nähe des Zenits auftritt.

> **Merkmale** Der Zirkumzenitalbogen ist eine Halo-Erscheinung, deren Krümmung von der Sonne weggerichtet ist. Der Scheitelpunkt dieses Lichtkreises ist 48 Grad von der Sonne entfernt, während diese etwa 15 bis 25 Grad über dem Horizont steht. Meist ist nur ein Viertel des Vollkreises zu sehen.

> **Vorkommen** Mit 20 bis 30 Sichtungen pro Jahr ist der Zirkumzenitalbogen keineswegs selten, wird aber oft übersehen, weil er hoch am Himmel steht, wo man selten hinschaut. Doch gerade an Tagen, an denen der Himmel mit leichter Schleierbewölkung überzogen ist, sollte man nach dem Zirkumzenitalbogen Ausschau halten, dessen Farbenpracht die eines Regenbogens erreichen kann! Unter den Halo-Erscheinungen ist er eine der eindrucksvollsten.

> **Wissenswertes** Wie die Nebensonnen wird der Zirkumzenitalbogen durch horizontal schwebende Eisplättchen hervorgerufen, aus denen hohe Cirrus- und Cirrostratus-Wolken bestehen, die manchmal aber auch in Kondensstreifen von Flugzeugen wachsen. Meistens bilden sich sechseckige Säulen und Plättchen. Diese richten sich wie eine Ballettgruppe gleichmäßig aus, wenn sie zu Boden sinken. Die Plättchen zum Beispiel fallen so, dass eine flache Seite nach unten, die andere nach oben gerichtet ist. Durch diese Gleichschaltung wirkt die ganze „Eiskristallwolke" wie ein einziger, großer Kristall, bei dem das einfallende Licht nach einer Mehrfachreflektion an bestimmten Stellen wieder austritt. Auf diesem Mechanismus beruhen alle Halo-Erscheinungen.

Sonnenhalo im Winter

Im Winter begünstigen tiefe Temperaturen die Entstehung von Eiskristallen und es entstehen Halo-Erscheinungen.

> **Merkmale** Sehr imposant ist die Kombination von verschiedenen Halo-Erscheinungen, beispielsweise das simultane Auftreten eines 22-Grad-Rings, zweier Nebensonnen und einem Zirkumzenitalbogen.

> **Vorkommen** Grundsätzlich können Sonnenhalos in jeder Jahreszeit entstehen. In hohen Wolken beträgt die Temperatur auch im Sommer minus 20 Grad und weniger – eine Voraussetzung für die Existenz von Eiskristallen. Bodennahen Eisnebel jedoch, der zu besonders attraktiven Halos führen kann, gibt es hierzulande nur im Winter. Selbst Raureif und Eisnadeln, die bei hoher Luftfeuchte und niedrigen Temperaturen entstehen, können Halos hervorrufen.

> **Wissenswertes** Neben Cirrus- und Cirrostratus-Wolken können Halos auch andere Ursachen haben. Gefrierender Nebel gehört ebenso dazu wie eine simple Schneedecke, die bei tief stehender Sonne Halos produzieren kann! Auch in anderen, mittelhohen Wolken kann sich Eis bilden und Halos können die Folge sein. Je nach Situation hat manche Halo-Erscheinung eine Lebensdauer von nur wenigen Minuten, während andere viele Stunden eines Tages überdauern. Eine typische Wetterlage mit „Halo-Alarm" ist das Ende einer Periode mit viel Sonne, wenn sich von Westen ein Tiefdruckgebiet nähert und Schleierwolken als Vorboten aufziehen. Manche historische Beobachtungen, die als „göttliche Erscheinungen" gedeutet wurden, gehen vermutlich auf Halo-Erscheinungen zurück, etwa die Visionen der Hildegard von Bingen.

Regenbogen

Bei Regenwetter und gleichzeitigem Sonnenschein kann ein Regenbogen entstehen. Unter günstigen Umständen sogar zwei.

> Merkmale Exakt gegenüber der Sonne liegt der Mittelpunkt des Regenbogens, eigentlich ein Kreis mit einem Winkelradius von 42 Grad. Innen ist das violette Ende des Farbenspektrums, außen das rote. Umgekehrt verhält es sich mit dem Nebenregenbogen, der 51 Grad Winkelradius aufweist.

> Vorkommen Die Chance für einen Regenbogen ist bei typischem „Aprilwetter" am höchsten. Dann wechseln kurze und kräftige Regenschauer mit Aufheiterungen ab, so dass Regen und Sonnenschein gleichzeitig auftreten können. Auch im Herbst sind die Voraussetzungen oftmals günstig. Der Regenbogen kann auch dann noch bzw. schon zu sehen sein, wenn der Regen am Standort des Beobachters schon aufgehört bzw. noch nicht eingesetzt hat.

> Wissenswertes Die Farben des Regenbogens kommen besonders gut zur Geltung, wenn sie sich gegen eine dunkle Wolkenwand leuchtend absetzen. Damit ein Regenbogen sichtbar wird, darf die Sonne nicht höher als 42 Grad über dem Horizont stehen. Im Winter ist das ganztags der Fall, im Sommer nur vor- bzw. nachmittags. Wenn Sie Ausschau nach einem Regenbogen halten, stellen Sie sich mit dem Rücken zur Sonne, denn dort entsteht er durch Lichtbrechung in den Regentropfen. Das in die Tropfen eintretende, noch weiße Sonnenlicht ist die Summe verschiedener Farben, das in den Tropfen – wie in einem Prisma – in seine farbigen Bestandteile zerlegt wird. Einem Regenbogen, der bei sehr tief stehender, glutroter Sonne entsteht, fehlen daher die Farben Blau und Grün.

Glorie und Brockengespenst

Ein Licht- und Schattenspiel, das durch die Sonne und Wolken oder Nebel unterhalb des Beobachters hervorgerufen wird.

> **Merkmale** In der Gegenrichtung zur Sonne wird der Schatten des eigenen Körpers oder eines Gegenstands auf eine Fläche aus Wolken oder Nebel projiziert und erscheint als schemenhafte, dunkle Silhouette. Umgeben ist der Schatten von einem helleren Lichtkranz, der an seinen Rändern in den Farben des Regenbogens schillert.

> **Vorkommen** Von einem erhöhten Standpunkt aus muss es möglich sein, nach unten zu schauen, wo sich eine Wand aus Wasserdampf befindet. In der Gegenrichtung muss die Sonne scheinen, damit der Schatten des eigenen Körpers auf die Nebelwand fällt. Erfüllbar sind diese Bedingungen, wenn Sie zum Beispiel auf einer Bergspitze stehen oder in einem Flugzeug sitzen.

> **Wissenswertes** Die winzigen Wassertröpfchen in der Wolke oder im Nebel reflektieren das auftreffende Licht zurück, wobei eine Lichtbrechung stattfindet, die je nach Wellenlänge des Lichtes unterschiedlich ausfällt. Zudem sorgen Beugungseffekte an den winzigen Tropfen für die Entstehung einer farbigen Glorie. Das „Gespenst" ist der Eigenschatten des Körpers oder des Flugzeugs, der in den Raum aus Wasserdampf fällt. Handelt es sich um den eigenen Körperschatten, können Bewegungseffekte vorgetäuscht werden, obwohl man selbst stillsteht – durch Turbulenzen innerhalb des Nebels. Der Begriff „Brockengespenst" ist international gebräuchlich und geht auf den Brocken im Harz zurück. Tatsächlich werden dort 300 Nebeltage im Jahr gezählt, so dass die Wahrscheinlichkeit, einem Brockengespenst zu „begegnen", sehr hoch ist.

Kondensstreifen

Weiße Streifen am Himmel, verursacht durch Abgase der Flugzeuge, die das Wasser in der Atmosphäre kondensieren lassen.

› Merkmale In großer Höhe fliegende Flugzeuge ziehen helle Kondensstreifen hinter sich her, die sich an manchen Tagen relativ rasch wieder auflösen, an anderen im Laufe der Zeit immer breiter werden, um schließlich den gesamten Himmel mit einer trüben Schicht zu überziehen.

› Vorkommen Kondensstreifen am Himmel gehören in allen zivilisierten Gegenden der Erde zum Alltagsbild. Zwar entstehen in der Nacht durch den nachlassenden Flugverkehr weniger davon, aber ganz zum Erliegen kommt er nicht. Durch perspektivische Effekte entsteht der Eindruck, dass die Dichte der Kondensstreifen zum Horizont hin zunimmt. Einen Himmel ohne Kondensstreifen konnte man im April 2010 genießen, als nach dem Ausbruch des isländischen Vulkans Eyjafjallajökull in weiten Teilen Europas ein Flugverbot herrschte.

› Wissenswertes Kondensstreifen entstehen, wenn ab ca. 8000 Meter Flughöhe die heißen Abgase der Turbinen auf die kalte Luft treffen und sich Eiskristalle bilden. In den Abgasen enthaltene Rußpartikel bilden die Keime, an denen der Wasserdampf kondensiert und gefriert. Bis ein Eiskristall daraus wird, dauert es einen Augenblick, daher beginnen die Kondensstreifen immer ein Stückchen hinter dem Flugzeug. Somit unterscheiden sie sich von ihrer Natur her praktisch nicht von den Cirrus-Wolken (s. Seite 63). Bilden sich die Kondensstreifen in Schichten mit sehr hoher Luftfeuchtigkeit, lösen sie sich nicht oder nur sehr langsam auf, werden immer breiter und unter Umständen von Luftströmungen verwirbelt.

Irisierende Wolken

*Bei leichter Bewölkung werden an manchen Stellen perlmutt-
artige Farben sichtbar, bevorzugt an den Wolkenrändern.*

> Merkmale In Bereichen mit dünnen, transparenten Wolken, durch
die die Sonne hindurch scheint,
leuchten irisierende Wolken im Gegenlicht auf und eine mehr oder
weniger stark ausgeprägte Farben-
pracht entsteht. Der Name hat seinen Ursprung bei Iris, der griechi-
schen Göttin des Regenbogens.

> Vorkommen Es sind freundliche,
helle Tage mit viel Sonnenschein, an
denen man Ausschau nach irisieren-
den Wolken halten sollte. Leichte
Wolken werfen nur einen Halb-
schatten, ein trüber Eindruck entsteht durch sie nicht. Irisierende
Wolken sind unter diesen Bedingungen keine seltene Erscheinung. Die
purpurrot, blau und grün schillern-
den Farben an den Wolkenrändern
sind aber oft erst dann zu sehen,
wenn sich die Sonne fast direkt hinter den Wolken verbirgt. Am häufigsten lässt sich das Irisieren am Rand
von Stratocumulus- oder Altocumulus-Wolken beobachten.

> Wissenswertes Bei den irisieren-
den Wolken sind es kleine Wassertröpfchen, an denen es durch das
Sonnenlicht zu Beugung und Inter-
ferenzen kommt; beides Erscheinungen, die der Wellennatur des
Lichtes zu verdanken sind. Die In-
tensität der auftretenden Farben ist
in erster Linie abhängig von der
Gleichmäßigkeit der Tropfen. Ver-
schieden große Tropfen führen zur
Überlagerung mehrere Farbeffekte,
die sich im Endeffekt wieder zu einem farblosen Weiß vermischen.
Nützlich beim Erkennen der Färbung sind eine Sonnenbrille mit po-
larisierender Wirkung und die ausgestreckte Hand, die die grelle
Sonne abdeckt. Für Fotos benutzt
man ein Polfilter.

Wolken: Cumulus

Die umgangssprachlich auch Haufen- oder Quellwolke genannte Cumulus-Wolke ist häufig eine Schönwetterwolke.

> Merkmale Cumulus-Wolken entsprechen der „Idealvorstellung" von Wolken auf einem Postkartenhimmel. Sie sind hell und weiß, scharf abgegrenzt, haben eine mehr oder weniger flache Unterseite und nach oben hin quellen Kuppeln und Hügel hervor. Sie verändern sich oft so rasch, dass man zuschauen kann.

> Vorkommen Wenn warme, wasserdampfreiche Luft nach oben strömt, kühlt sie ab, wobei der Wasserdampf zu Tröpfchen kondensiert. Das tritt zum Beispiel an Vormittagen während einer sommerlichen Schönwetterperiode ein, wenn die erwärmte Luft aufsteigt. Die Quellwolken lösen sich in relativ kurzer Zeit wieder auf, spätestens gegen Abend, wenn die Luft in Bodennähe aufgrund der abnehmenden Sonnenstrahlung wieder abkühlt. Daher lassen Tage mit

Haufenwolken durchaus auf eine darauffolgende sternklare Nacht hoffen. Cumulus-Wolken können aber auch die Vorboten eines Gewitters sein, wenn sie schnell anwachsen und steil in die Höhe schießen.

> Wissenswertes Typische Schönwetter-Wolken finden sich in geringer Höhe von etwa 600 bis 1000 Meter über dem Grund. Daher kann man ihre horizontale Bewegung schon nach kurzer Zeit bemerken. Auch das „Aufquellen" der Cumulus-Wolken zu beobachten ist ein kurzweiliges Vergnügen, weil sich mit etwas Fantasie immer wieder schnell vergängliche Figuren erkennen lassen. Wegen der aufsteigenden Luft, die durch diese Wolken angezeigt wird, sind sie auch bei Segelflugzeug-Piloten gern gesehen, weil sie auf eine gute Thermik schließen lassen.

Die Cumulonimbus-Wolken bringen Niederschlag, nicht selten begleitet von einem Gewitter.

> **Merkmale** Wenn sich Cumulus-Wolken mehr und mehr in die Höhe türmen, entwickeln sie sich zu Cumulonimbus-Wolken. Dabei fasert die scharfe Obergrenze zunehmend aus, ein Kennzeichen für Vereisung. Aus ihnen fällt Regen, Schnee, Graupel und Hagel; Blitz und Donner rechtfertigen die Bezeichnung „Gewitterwolke".

> **Vorkommen** Am häufigsten bilden sich Cumulonimbus-Wolken im Sommer, nachdem sich tagsüber durch die intensive Sonneneinstrahlung der Boden stark erwärmt hat. Dann kommt es zu den bekannten Wärmegewittern, die einhergehen können mit Hagel und Sturmböen. Wintergewitter sind seltener.

> **Wissenswertes** Cumulonimbus-Wolken gehören zu den mächtigsten Gebilden der Atmosphäre. Viele Kilometer hoch durchflügen sie die Troposphäre, hierzulande können sie im Sommer bis 13, im Winter bis neun Kilometer hoch aufsteigen. Rekordverdächtig auch andere Zahlen: Enorme Luftmengen können in kurzer Zeit nach oben strömen, was zur Bildung von elektrischen Feldern führt, die sich in Form von Blitzen entladen. Cumulonimbus-Wolken führen bis zu einhundert Millionen Tonnen Wasser mit sich, die innerhalb einer relativ kurzen Zeit in Form heftiger Niederschläge zu Boden fallen können. Unterhalb der Wolken können Windgeschwindigkeiten von 100 km/h und mehr auftreten. Eine Sonderform ist die Amboss-Wolke, bei der sich eine Cumulonimbus-Wolke an der Oberkante verbreitert, wenn die Wolkenluft nicht weiter aufsteigen kann, weil das thermische Gleichgewicht erreicht ist.

Schichthaufenwolken treten in vielen Formen in Erscheinung.
Stratocumulus sind die häufigsten aller Wolken.

> **Merkmale** Stratoculumus- oder Schichthaufenwolken sind die häufigsten Wolken am Himmel. Im Gegensatz zu den Cumulus-Wolken ist ihre Oberseite nicht so scharf abgegrenzt. Außerdem hängen die Einzelwolken mehr oder weniger zusammen, so dass weniger oder gar kein Himmelsblau mehr zu sehen ist.

> **Vorkommen** Schichthaufenwolken können aus Cumulus-Wolken entstehen, wenn sich diese nach oben durch eine Inversionsschicht nicht weiter auftürmen, sondern zur Seite wachsen. Auch eine Stratus-Bewölkung kann der Vorläufer sein, wenn diese großräumig angehoben oder wellenförmig umgebildet werden. Während eine lockere Stratocumulus-Bewölkung durchaus ein insgesamt heiteres Wetter zulässt, führt eine geschlossene Wolkendecke zu einem trüben Tag, an dem allerdings kein ergiebiger Regen befürchtet werden muss.

> **Wissenswertes** Stratocumulus-Wolken haben eine nur geringe Höhe über dem Grund, maximal etwa zwei Kilometer. Durch die Dicke der Schichthaufenwolken und die damit verbundene Lichtreflexion an den Wassertröpfchen weisen die Wolken auf ihrer Unterseite hell- bis dunkelgraue Schollen auf. Überwiegend erscheinen die einzelnen Wolkenzellen unter einem Winkel von mehr als fünf Grad, was der Breite von drei Fingern am ausgestreckten Arm entspricht. Obwohl eine mächtige Schicht aus Schichthaufenwolken bedrohlich aussehen kann und den Himmel vollständig bedeckt, sind Niederschläge kaum zu befürchten und – wenn auftretend – stets von geringer Intensität.

Wolken: Stratus nebulosus/fractus

Als Stratus werden Hochnebel und nebelartige Wolkenfetzen bezeichnet. Sie können fast bis zum Boden reichen.

> **Merkmale** Eine Stratus-Bewölkung, auch tiefe Schichtwolken genannt, bildet einen mehr oder minder einheitlich grauen Himmel, der keine oder nur schwache Strukturierungen aufweist. Ist die Wolkendecke dünn genug, kann man die Sonne mit klaren Umrissen durch sie hindurch erkennen.

> **Vorkommen** Tiefe Schichtwolken entstehen durch abkühlende, wasserdampfgesättigte Luftmassen in Bodennähe. Stratus-Wolken bestehen nur bei sehr tiefen Temperaturen aus Eis. Vorwiegend in den Herbst- und Wintermonaten sind hierzulande die Bedingungen für die Bildung von Stratus nebulosus, wie die geschlossene, graue Wolkendecke genannt wird, günstig. Nur wenige hundert Meter über dem Grund ziehen diese Wolken, so dass höhere Berge darin verschwinden.

> **Wissenswertes** Wolken und Nebel unterscheiden sich hinsichtlich ihrer Physik nicht. Meteorologisch handelt es sich um Nebel, wenn er Kontakt zum Erdboden hat und die Sichtweite weniger als einen Kilometer beträgt. Da Stratus-Bewölkung vorwiegend aus Wasser und nicht aus Eis besteht, sind Halo-Erscheinungen um Sonne und Mond nicht zu erwarten, stattdessen die Bildung eines Hofs bzw. einer Aureole. Stratus-Wolken liefern allenfalls etwas Sprühregen oder Nebelnässe, im Winter Schneegrieseln. Schafft es die Sonne, die tiefen Schichtwolken im Tagesverlauf aufzulösen, wird hie und da blauer Himmel sichtbar. Als Stratus fractus werden Wolkenfetzen bezeichnet, die sich bei regnerischem Wetter unterhalb von ausgedehnten Regenwolken bilden.

Wolken: Altostratus/Nimbostratus

Altostratus-Wolken sind mittelhohe Schichtwolken, die wenig Struktur aufweisen und oft den ganzen Himmel bedecken.

> **Merkmale** Altostratus überziehen den Himmel mit einer kaum strukturierten, grauen oder bläulichen Wolkendecke. Streifige, faserige oder fleckige Muster können auftreten, sind aber ohne großen Kontrast. Eine dünne Altostratus-Schicht lässt die Sonne oder den Mond hindurch erkennen, dicke Schichten liefern zum Teil ergiebige Niederschlagsmengen.

> **Vorkommen** Die Bildung von dichten Altostratus-Wolken deutet auf eine Wetterverschlechterung mit Niederschlägen hin. Feuchte Luft wird in immer größere Höhen verfrachtet, wo sie kondensiert und mittelhohe Schichtwolken bildet. Bei zunehmender vertikaler Mächtigkeit der Wolkenschicht sehen Sonne und Mond immer verwaschener aus, bis sie allenfalls noch als Aufhellung zu erahnen sind.

Münden kann das in ausdauernden und ergiebigen Regenfällen; in diesem Stadium werden die Wolkenschichten als Nimbostratus bezeichnet.

> **Wissenswertes** Die mittelhohen Schichtwolken bewegen sich in einer Höhe von zwei bis sieben Kilometer über dem Boden, sind dabei oft mehrere hundert Meter dick und viele hundert Kilometer breit, was Hoffnung auf eine schnelle Wetterbesserung als unrealistisch erscheinen lässt. Wenn die Wolkendecke dünn und die Sonne hindurch zu erkennen ist, erscheint deren Rand nur anfangs scharf begrenzt, mit Niederschlag ist dann innerhalb von etwa zehn Stunden zu rechnen. Leuchtet die Sonne nur noch als heller Fleck, dauert es bis zum Einsetzen des Niederschlags nur noch etwa sechs Stunden.

Wolken: Altocumulus

Diese „ Schäfchenwolken" sind eine Zierde am Firmament, doch ihre regelmäßigen Wolkenmuster sind von vielseitiger Gestalt.

> Merkmale Altocumulus-Wolken treten meist in Form großer Felder in Erscheinung, die eine mehr oder weniger stark ausgeprägte, regelmäßige Struktur aufweisen. Zwischen den zergliederten Elementen kann oft, aber nicht immer, der blaue Himmel gesehen werden. Neben „Schäfchen" gibt es Rippen, Wellen und parallele Walzen.

> Vorkommen Mittelhohe, grobe Schäfchenwolken können entstehen, wenn eine Schicht aus Altostratus-Bewölkung aufbricht. Dann haben wir es mit der Auflösung einer Wolkendecke zu tun, eine Wetterverschlechterung ist nicht zu erwarten. Anders ist die Situation zu bewerten, wenn Luft mit hoher Luftfeuchtigkeit in Portionen nach oben steigt und Altocumulus-Wolken bildet, was auf eine Instabilität der Luftschichten hindeuten kann.

> Wissenswertes Altocumulus-Wolken halten sich in einer Höhe von zwei bis sieben Kilometer auf. Neben Eiskristallen kommen darin vor allem Wassertröpfchen vor, so dass gelegentlich irisierende Effekte beobachtet werden können. Nicht einfach ist die Abgrenzung zu den Stratocumulus-Wolken. Während die Einzelzellen der Stratocumuli unter einem Winkel größer als fünf Grad erscheinen, bleiben die Zellen der Altocumuli unterhalb der Fünf-Grad-Marke, was weniger ist als die Breite von drei Fingern am ausgestreckten Arm. Auf der Unterseite der groben Schäfchenwolken sind stets graue Flecken zu sehen, die durch den Eigenschatten der Wolkenstrukturen entstehen. Eine Sonderform sind Altocumulus lenticularis, linsenförmige Wolken, die an ein „UFO" erinnern.

Wolken: Cirrus

Allgemein auch als „Federwolken" bekannt, erscheinen die Cirren als weiße, faserige Schleier, Fäden oder Bänder.

> Merkmale Federwolken können sich in vielfältiger Art präsentieren. Mal sind es kleine Haken oder Fäden, mal mächtige Streifen oder Büschel, die in großer Höhe auch die Hintergrundkulisse für tiefer schwebende Wolken bilden können.

> Vorkommen Tauchen Cirren geringer Größe am tiefblauen, ansonsten wolkenlosen Himmel auf, deutet das auf eine geringe Luftfeuchte hin und ein Anhalten des guten Wetters ist wahrscheinlich. Breiten sie sich aber aus, können sie die Vorboten einer nahenden Warmfront sein und eine Wetterverschlechterung ankündigen. Stark zerfaserte und hakenförmige Federwolken lassen auf heftige Höhenwinde schließen mit der Gefahr, dass auch in bodennahen Regionen Sturmtiefs auftreten können.

> Wissenswertes Die Federwolken bestehen aus Eiskristallen, die sich in einer Höhe von fünf bis 13 Kilometer bilden und langsam nach unten fallen. Geraten sie dabei in Regionen, in denen der Wind aus unterschiedlicher Richtung bläst, entstehen die charakteristischen Haken. Die Eiskristalle können zur Bildung mannigfaltiger Halo-Erscheinungen um Sonne und Mond führen. In tiefere Schichten herabfallende Eiskristalle sehen oft aus wie Fahnen, die Fallstreifen genannt werden. Für die Bildung von Eiskristallen sind Kondensationskeime nötig, die in dieser Höhe rar sind. Verkehrsflugzeuge liefern durch ihre Abgase solche Keime, wodurch Kondensstreifen entstehen, die als eine künstlich erzeugte Form der Federwolken zu werten sind.

Wenn Schleierwolken den Himmel teilweise oder vollständig bedecken, scheinen Sonne oder Mond durch sie hindurch.

> **Merkmale** Cirrostratus-Bewölkung verschleiert den gesamten Himmel oder große Teile davon. Das Himmelsblau wird dadurch milchig, doch die Sonne kann hindurch scheinen und der Tag bleibt heiter. Starke Höhenwinde führen zur Bildung langer, parallel zur Windrichtung verlaufender Wolkenbänderungen.

> **Vorkommen** Aufziehende Schleierwolken deuten auf einen bevorstehenden Wetterwechsel hin. Wenn Cirrus-Wolken dichter werden und sich zu Cirrostratus ausdehnen, kann von Niederschlag innerhalb der folgenden zwei Tage ausgegangen werden. Entwickeln sich in der Schleierwolkenschicht jedoch Lücken, kann die Wetterverschlechterung noch eine Weile auf sich warten lassen. Aufgrund der großen Höhe vollziehen sich Änderungen in der Wolkenstruktur sowie Zugbewegungen vom Boden aus betrachtet nur langsam.

> **Wissenswertes** Der Cirrostratus ist im obersten Wolkenstockwerk zu finden, in Höhen von fünf bis 13, in den Tropen bis 16 Kilometer über dem Erdboden. Wie bei den Cirren sind es vor allem Eiskristalle, aus denen sie bestehen. Cirrostratus-Wolken sind die beste Voraussetzung, um eindrucksvolle Halos um die Sonne oder um den Mond zu sehen, daher lohnt ein gelegentlicher Blick zum Himmel, wenn Schleierwolken den Himmel überziehen. Von den Cirren unterscheidet sich der Cirrostratus durch die meist viel größere Ausdehnung, vom Altocumulus durch das Fehlen einer regelmäßigen Strukturierung. Schwierig wird die Abgrenzung zum Altostratus, der jedoch keine Halo-Erscheinungen hervorruft.

Abend- und Morgenrot

Im Volksmund gilt Abendrot als Vorbote für gutes, Morgenrot hingegen als Zeichen für kommendes Schlechtwetter.

› Merkmale Fällt die Morgen- oder Abenddämmerung dadurch auf, dass sich der Himmel und die Wolken besonders stark rot, orange oder gelblich verfärben, können Rückschlüsse auf die Wetterentwicklung gezogen werden. Die Redensarten „Abendrot, morgen wird das Wetter gut" und „Morgenrot, gibt ein nass' Vier-Uhren-Brot" sind vielen Menschen bekannt.

› Vorkommen Steht die Sonne in der Nähe des Horizonts, knapp unter oder über ihm, entstehen die Dämmerungsfarben, die auf Seite 76 besprochen werden. Freilich gehört auch das Abend- und Morgenrot in die Kategorie dieser Farbenspiele während der Dämmerung, doch hier geht es um die Frage, inwieweit die genannten „Bauernregeln" hinsichtlich der zu erwartenden Wetterentwicklung zutreffen.

› Wissenswertes In weiten Teilen Mitteleuropas herrscht die meiste Zeit eine Luftströmung aus Westen. Zeigt sich die untergehende, rot verfärbte Sonne im Westen, versperren keine oder nur wenige Wolken den Blick dorthin, was auf eine allgemein wolkenarme Wetterlage schließen lässt und damit auch am nächsten Tag heiteres Wetter verheißt. Am zuverlässigsten deutet ein Abendrot an einem wolkenlosen Himmel auf gutes Wetter am folgenden Tag hin. Morgenrot am wolkenlosen Himmel hingegen ist noch kein Indiz für eine Wetterverschlechterung. Strahlt die tiefstehende Morgensonne jedoch Wolken im Westen an, kann sich das Farbenspiel der Dämmerung dadurch verstärken. Bei typischer West-Wetterlage werden diese Wolken im Laufe des Tages den Himmel bedecken.

Strahlenbüschel

Das Licht und die Strahlen der Sonne sind eigentlich unsichtbar, es sei denn, sie treffen auf Wasserdampf oder Staub.

> Merkmale Strahlen werden am Himmel sichtbar, die alle am Ort der Sonne zusammentreffen. In Extremfällen können die Strahlen fast über den gesamten Himmel verlaufen, meist jedoch sind sie deutlich kürzer. Die Strahlenbüschel können auch genau gegenüber der Sonne, im sogenannten „Sonnengegenpunkt" zusammentreffen.

> Vorkommen Zwei Bedingungen müssen erfüllt sein, damit ein Strahlenbüschel sichtbar wird: Erstens muss die Atmosphäre mit Wasserdampf, also kleinen Wassertröpfchen angereichert sein, die vom Sonnenlicht aufgehellt werden, denn das reine Licht ist nicht sichtbar. Den gleichen Zweck erfüllen, wenn auch seltener, Staubpartikel. Zweitens müssen Objekte existieren, deren Schatten dem Strahlenbündel Struktur verleihen,

indem die „Lichtstrahlen" mit „Schattenstrahlen" durchsetzt werden. Diese Aufgabe übernehmen meistens Wolken, die sich vor die Sonne schieben.

> Wissenswertes Da die Sonne fast eine Punktlichtquelle ist, verlaufen ihre Strahlen nahezu parallel. Dass sie am Himmel in einem Winkel aufeinander zulaufen, ist ein perspektivischer Effekt, der in der gleichen Weise auch bei Eisenbahnschienen auftritt, die in der Ferne scheinbar zusammenlaufen. Strahlenbüschel werden vom Volksmund fälschlicherweise so interpretiert, dass die Sonne „Wasser ziehe". Tatsächlich zieht die Sonne natürlich kein Wasser an, gleichwohl sorgt ihre Energie für dessen Verdunstung und damit für jenen Wasserdampf, der ihre Strahlen sichtbar werden lässt.

Gewitterblitze

Bei einem Gewitter treten Blitze und in ihrer Folge der Donner auf. Blitze leuchten nur für Sekundenbruchteile auf.

> Merkmale Obwohl ein Gewitterblitz meist nur sehr kurz aufflammt, kann dessen Struktur gut erkannt werden, denn der helle Lichteindruck „brennt" sich sozusagen für einen Zeitraum von Sekunden in unsere Wahrnehmung ein.

> Vorkommen Wenn ein Gewitter auftritt und Donner zu hören ist, besteht auch die Chance, Blitze zu beobachten. Das Wichtigste ist in jedem Fall die eigene Sicherheit! Schätzen Sie die Entfernung zum Gewitter anhand der Zeitdifferenz zwischen Blitz und Donner ab: Folgt der Donner drei Sekunden nach dem Blitz, befindet sich das Gewitter ca. einen Kilometer weit entfernt. Den besten Schutz bieten ein festes Gebäude oder ein Fahrzeug mit Metall-Karosserie. In jedem Jahr treten in Deutschland um die zwei Millionen Blitze auf und pro Quadratkilometer sind im Schnitt etwa sechs Blitzeinschläge zu verzeichnen.

> Wissenswertes Der Gewitterblitz ist eine elektrostatische Entladung innerhalb von Wolken oder zwischen Wolken und Erdoberfläche. Er entsteht, wenn es zwischen Regionen mit unterschiedlichem elektrischem Potential zu einer Entladung, also zum Stromfluss kommt. Die Aufladungen bilden sich durch kräftige Aufwinde, verbunden mit dem Wachstum von Eispartikeln. Potentialunterschiede von mehreren Millionen Volt können auftreten. Bei der Entladung durch den Blitz kann die Stromstärke mehrere hunderttausend Ampère betragen. Die Länge von Blitzen schwankt von einigen bis deutlich über zehn Kilometer.

Mond am Tag

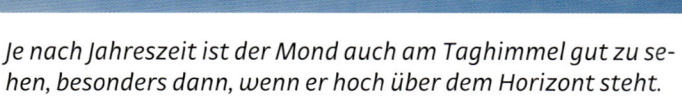

Je nach Jahreszeit ist der Mond auch am Taghimmel gut zu sehen, besonders dann, wenn er hoch über dem Horizont steht.

> Merkmale An Tagen mit Blick zum klaren, blauen Himmel kann oft auch der Mond entdeckt werden, obwohl die Sonne noch über dem Horizont steht. Freilich ist er weitaus unauffälliger als in der Nacht, weil er tagsüber nicht das hellste Gestirn ist.

> Vorkommen Die Mondphasen wiederholen sich alle 29,5 Tage. Die meiste Zeit davon ist der Mond auch am Taghimmel sichtbar, sofern sein Abstand zur Sonne groß genug ist. Ausnahmen sind die Vollmondstellung und einige Tage vor bzw. nach Neumond. Wann die junge Mondsichel nach Neumond zum ersten Mal am Taghimmel auftaucht, hängt von der Jahreszeit ab: Im Frühling muss man weniger lange warten als im Herbst. Bei der abnehmenden Mondsichel am Morgenhimmel ist es umgekehrt.

> Wissenswertes Statistisch gesehen steht der Mond genauso oft über wie unter dem Horizont. Ebenfalls die Waage hält sich das Verhältnis der Tag- und Nacht-Sichtbarkeiten, so dass kein Anlass besteht, den Mond als „Objekt der Nacht" zu deklarieren. Einige Tage nach Neumond kann man sich auf die Suche machen, bevorzugt nachmittags. Die Mondsichel steht dann links von der Sonne. Je mehr der Mond zunimmt, desto größer wird der Winkel zwischen Sonne und Mond. Den abnehmenden Mond findet man tagsüber am Vormittag.

Fernglastipp
Mit dem Fernglas können auch am Taghimmel einzelne Krater zu erkennen sein.

Venus am Tag

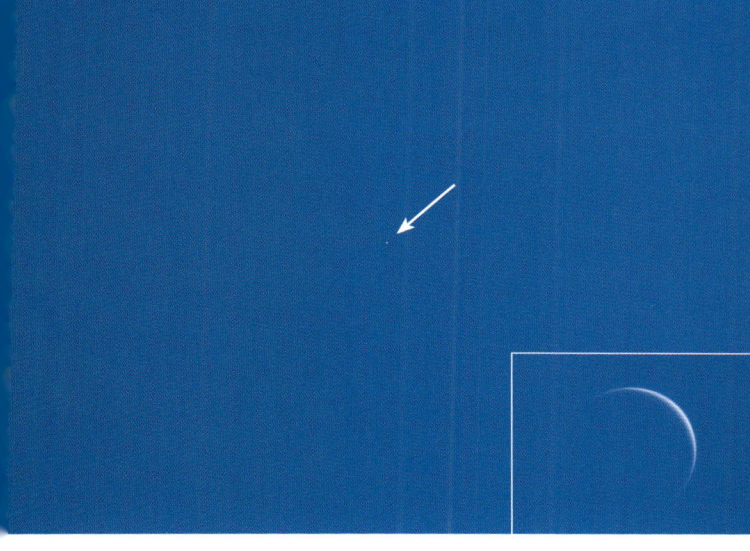

*Der helle Planet Venus kann tatsächlich am Taghimmel aufge-
funden werden, wenn man abschätzen kann, wo er steht.*

> **Merkmale** Venus ist ein sternför-
miges Objekt am blauen Taghimmel. Am besten begibt man sich an
einen schattigen Beobachtungsplatz, so dass das Sonnenlicht nicht
blendet. Eine Schwierigkeit ist, dass
das Auge am unbewölkten Himmel
keinen Anhaltpunkt zum Fokussieren hat. Daher empfiehlt sich bei
der Suche hin und wieder ein Blick
in die ferne Landschaft.

> **Vorkommen** Wer Venus am Tag
erspähen will, muss einen sehr klaren Tag mit tiefblauem Himmel ab-
warten. Ihre größte Helligkeit erreicht Venus etwa 35 Tage vor oder
nach ihrer Stellung zwischen Sonne
und Erde. Der Winkelabstand zur
Sonne beträgt dann über 40 Grad
und die Helligkeit beträgt maximal
–4,5 Magnituden– mehr als das
vierzehnfache der Helligkeit von
Sirius, dem hellsten Fixstern.

> **Wissenswertes** Venus umläuft
die Sonne innerhalb der Erdbahn.
Steht Venus links der Sonne, sehen
wir sie am Abendhimmel; rechts der
Sonne zeigt sie sich am Morgenhimmel. Venus ist von einer dichten
Wolkendecke eingehüllt, die einen
großen Teil des Sonnenlichts reflektiert. Daher strahlt Venus am Himmel nach Sonne und Mond als
dritthellstes Gestirn. Der Durchmesser von Venus entspricht beina-
he demjenigen der Erde. Unter den
Venus-Wolken herrschen höllische
Temperaturen, die einen Aufenthalt
dort unmöglich machen würden.

Fernglastipp
Ein Fernglas (auf „unendlich" fo-
kussiert) hilft bei der Suche nach
Venus am Taghimmel sehr.

Steht die Sonne tief am Horizont, ragt senkrecht über ihr eine Lichtbahn empor, die enorm hell sein kann.

> **Merkmale** Die Lichtsäule ist in Sonnennähe am hellsten und wird nach oben hin schwächer. Oftmals ist sie nur wenige Grad hoch, doch manchmal erreicht sie 30 Grad Höhe und mehr. Die Lichtsäule ist auch dann noch zu sehen, wenn die Sonne knapp unter der Horizontlinie steht.

> **Vorkommen** Damit eine Lichtsäule entstehen kann, sind Wolken erforderlich. In der Regel sind wahrnehmbare Schleierwolken (Cirrus) aus Eisplättchen und -säulchen die Auslöser, wenn eine weitere Voraussetzung erfüllt ist: Die Eiskristalle müssen kreiselnde Bewegungen ausführen. Wer regelmäßig Sonnenauf- und -untergänge beobachtet, kann pro Jahr zwischen 20 und 30 Lichtsäulen sehen.

> **Wissenswertes** Lichtsäulen zählen zu den Halo-Erscheinungen.

Sie sollten nicht mit einer simplen Reflektion an den Wolken oder einer Lichtstreuung verwechselt werden, denn es sind die unzähligen winzigen Eiskristalle, die das Sonnenlicht spiegeln, vergleichbar einer Lichterbahn, die die horizontnahe Sonne auf einer bewegten Wasseroberfläche produziert. Der Volksmund hingegen liegt falsch, wenn er davon spricht, dass die „Sonne Wasser zieht". Würde tatsächlich eine „Wassersäule" existieren, könnte man sich ihr nähern. Bei Spiegelungen ist das anders, daher ist es auch unmöglich, zum Beispiel durch einen Regenbogen zu laufen. Halo-Erscheinungen sind immer nur aus einer bestimmten Perspektive sichtbar, weil es auf den Winkel zwischen Lichtquelle, Eiskristallen und Betrachter ankommt.

Sonnenaufgang und Untergang

*Es ist ein faszinierendes Schauspiel, wenn die auf- oder unter-
gehende Sonne den Himmel in einen Farbenrausch verwandelt.*

> Merkmale Wenn keine Wolken
den Blick zum Horizont versperren,
bietet der Himmelsanblick an jedem Tag zumindest zwei High-
lights, nämlich den Sonnenauf- und
-untergang. Glutrot oder zumindest
stark orange bis gelb verfärbt kün-
digt unser Zentralgestirn den Anfang und das Ende des Tages an.

> Vorkommen Im Osten geht die
Sonne auf, im Westen geht sie unter, so lautet eine Binsenweisheit.
Streng genommen gilt das nur an
zwei Tagen im Jahr, weil sich der
Aufgangspunkt nach Nord- bzw.
Südosten, der Untergangspunkt
nach Nordwesten bzw. Südwesten
verschiebt (s. Seite 15/Sonnenbahn).
Auch die Auf- und Untergangszeiten, damit die Tageslänge, variieren
im Laufe eines Jahres beträchtlich.
Welche Farbe die Sonne in ihrer ho-
rizontnahen Stellung annimmt und
wie stark ihr Licht gedämpft wird,
hängt hingegen von den atmosphärischen Bedingungen am Beobachtungsort ab.

> Wissenswertes Wenn die Sonne
hoch über dem Horizont steht, erscheint sie uns weiß, weil unser
Gehirn – ähnlich wie eine Digital-
kamera – einen automatischen
Weißabgleich durchführt, obwohl
auch im Laufe eines Tages die sogenannte „Farbtemperatur", also die
Farbgebung, abhängig vom Son-
nenstand und der Wettersituation,
schwankt. Besonders auffällig wird
diese aber erst, wenn bei Sonnen-
auf- und -untergang das Licht einen
langen Weg durch die Erdatmosphäre zurücklegen muss. Dabei
werden fast alle blauen Anteile gestreut, so dass praktisch nur noch
langwelliges Licht, also die rötlichen Farben, durchdringen.

Deformierter Sonnen-/Mondglobus

In der Nähe des Horizonts können die Sonne und der Mond zu abenteuerlichen Gebilden verzerrt werden.

> Merkmale Sowohl die Sonne als auch der Mond sind nahezu kugelförmige Objekte, präsentieren sich aber bei ihrem Auf- und Untergang manchmal nicht mit kreisförmigem Umriss, sondern in vielfältiger Weise verformt. Eine ovale Form ist ziemlich häufig, während fast rechteckige Umrisse nur gelegentlich auftreten.

> Vorkommen Mehr oder weniger stark ausgeprägt tritt die Deformierung von Sonne und Mond nahe des Horizonts immer auf. Besonders drastisch ist das Resultat, wenn Luftschichten mit stark unterschiedlichen Temperaturen übereinander liegen. In der Regel sind die oberen Schichten kühler als die tieferen. Ist es umgekehrt, handelt es sich um eine Inversionswetterlage, die unter anderem bei Abkühlung tiefer Luftschichten über Wasser- oder Eisflächen entsteht. Auch bei Föhnwind können unterschiedlich temperierte Luftschichten aufeinandertreffen – gute Voraussetzungen für starke Sonnen- und Monddeformationen beim Auf- oder Untergang.

> Wissenswertes Die unterschiedlich temperierten Luftmassen unterscheiden sich hinsichtlich ihrer Dichte. Tritt Licht von einem Medium bestimmter Dichte in eines, dessen Dichte niedriger oder höher ist, findet eine Brechung der Lichtstrahlen statt, an den Grenzflächen auch eine Spiegelung, so wie es bei einer Linse der Fall ist. Spiegelungen können zu Doppelbildern von Sonne und Mond führen oder sie sogar dann noch sichtbar werden lassen, wenn sie sich eigentlich schon unterhalb des Horizonts befinden.

Grüner Blitz

In sehr horizontnaher Stellung zeigt die Sonne manchmal am oberen Rand grüne Licht-Phänomene.

> Merkmale Steht die Sonne sehr tief, weist sie aufgrund der atmosphärischen Refraktion oben einen grünen, unten einen roten Rand auf. Werden durch Lichtbrechungen nach oben hin Teile abgeschnürt, entsteht daraus ein „Grünes Segment". Sieht man nur noch dieses, während die Sonne schon unter dem Horizont verschwunden ist, nennt man das den „Grünen Blitz".

> Vorkommen Sehr gute Horizontsicht ist die Voraussetzung, wenn man einen grünen Blitz oder ein grünes Segment beobachten will. Die Sicht darf nicht durch Gebäude, Bäume oder das Landschaftsrelief versperrt sein. Ideal ist der Blick auf das offene Meer. Häufiger kann man das grüne Segment sehen; zwar erscheint es auch nur für den Bruchteil einer Sekunde, tritt aber oft nach wenigen Sekunden wiederholt auf. Stets ist mit der Problematik zu kämpfen, dass die gleißend helle Sonne am Horizont keine gefahrlose Beobachtung ohne Schutzfilter zulässt und gängige Sonnenfilter wiederum für die Beobachtung grüner Segmente und Blitze zu dunkel sind.

> Wissenswertes Aufgrund der schwierigen Beobachtungssituation werden grüne Segmente/Blitze vielfach übersehen. Hervorgerufen werden sie durch die Lichtbrechung innerhalb der Erdatmosphäre. Es kommt zu einer Aufspaltung des weißen Sonnenlichtes in seine Spektralfarben, ähnlich wie bei einem Prisma. Weil die blauen Anteile auf dem langen Weg durch die Lufthülle praktisch vollständig gestreut werden, bilden grüne Wellenlängen das „obere Ende" des Spektrums mit der geringsten Ablenkung.

Himmels-phänomene in der Nacht

Dämmerungsfarben

Sowohl bei Sonnenaufgang als auch bei ihrem Untergang treten zuweilen drastische Verfärbungen des Himmels auf.

> Merkmale Wenn die Sonne nur geringe Höhen unterhalb des Horizonts einnimmt, also vor Sonnen-auf- und nach Sonnenuntergang, treten die Dämmerungsfarben auf. Während sich die Qualität des Lichts im Tagesverlauf nur langsam verändert, sind die Prozesse während der Dämmerung sehr viel dynamischer. Innerhalb weniger Minuten kann die Szenerie wechseln.

> Vorkommen Die Dämmerungsfarben können je nach der Beschaffenheit der Atmosphäre unterschiedlich ausfallen. Auch die Meereshöhe des Beobachtungsorts wirkt sich aus; in den Tieflagen enthält die Atmosphäre relativ viel Wasserdampf und Staub, von dem man im Hochgebirge große Teile unter sich lässt. In der Dämmerung überwiegen die rötlichen bis gelblichen Farben in Horizontnähe, während der Himmel in ein immer tieferes Blau versinkt. Auch ein Blick in die gegenüberliegende Richtung kann sich lohnen: Dort ist eine seltsame, bisweilen grünliche Verfärbung sichtbar, die sogenannte Gegendämmerung.

> Wissenswertes Das Sonnenlicht muss, wenn die Sonne am Horizont steht, eine bedeutend längere Strecke durch die Erdatmosphäre absolvieren im Vergleich zu einer Stellung hoch am Himmel. Dabei werden die Blauanteile besonders effektiv gestreut, so dass beim Beobachter nur noch die gelben und roten Anteile ankommen. Das erklärt die rötliche Verfärbung der Sonne am Horizont und des Himmels. Hinzu kommt eine Reflektion und Streuung des Lichtes durch höhere atmosphärische Schichten.

Dämmerungsfarben nach Vulkanausbruch

Vulkane schleudern Asche in die Atmosphäre und können so den Dämmerungshimmel verschönern.

> Merkmale Wenn die Dämmerungsfarben besonders intensiv und außergewöhnlich in Erscheinung treten, ist das meist auf ein bestimmtes Ereignis zurückzuführen, etwa einen Vulkanausbruch oder einen großen Waldbrand. Wegen der charakteristischen Färbung spricht man auch vom Purpurlicht.

> Vorkommen Das Purpurlicht ist im Verlauf einer normalen Dämmerung oftmals zu sehen, nur ist es dann relativ unspektakulär. Findet eine Verschmutzung der Atmosphäre statt, wird es intensiver. Die Ursache, ein Vulkanausbruch oder ein Waldbrand, kann tausende Kilometer weit entfernt sein. Die dadurch freigesetzten Partikel verteilen sich im Laufe von Wochen und Monaten über ganze Kontinente hinweg. Im gesamten Zeitraum ist dann mit besonderen Dämmerungsphänomenen zu rechnen, die von Tag zu Tag unterschiedlich ausfallen können.

> Wissenswertes Das Purpurlicht entsteht, wenn das rötliche Licht der vier bis sieben Grad unter dem Horizont stehenden Sonne jene hoch schwebenden Partikel erreicht, aus deren Perspektive die Sonne noch „scheint". Typischerweise findet das in der 25 Kilometer hohen Stratosphäre statt. Aerosole, bestehend aus Schwefel- und Salpetersäure, können über viele Monate in der Stratosphäre verbleiben. Dort bilden sie dünne, faserige Wolkenschleier, die als „Polare Stratosphärische Wolken" bezeichnet werden. Offenbar spielen sie eine Rolle als „Killer" der Ozonschicht, daher ist die Frage von Interesse, ob auch die Luftverschmutzung durch Industrie und Verkehr zur Bildung solcher Wolken führen kann.

Erdschattenbogen

Wenn die Sonne nur knapp unter dem Horizont steht, projiziert sie den Schatten der Erdkugel sichtbar an den Himmel.

> **Merkmale** In der Gegenrichtung der Sonne, also vor Sonnenaufgang in westlicher und nach Sonnenuntergang in östlicher Richtung, wird am Horizont ein blaugrau gefärbter, flacher Schatten sichtbar. Je tiefer die Sonne unterhalb des Horizonts steht, desto höher erhebt sich der Schatten über ihn.

> **Vorkommen** Die aktuelle Situation innerhalb der Atmosphäre spielt für den Erdschattenbogen eine Rolle. Eine ideale „Projektionsfläche" für den Erdschatten ergibt sich, wenn Wasserdampf, Staub und Aerosole vorhanden sind, die in der Lage sind, außerhalb des Erdschattenbogens das Sonnenlicht zu reflektieren und zu streuen. Geeignet ist ein Beobachtungsort auf einem Berggipfel, von dem aus man auf unterhalb gelegene Dunstschichten herab blickt.

> **Wissenswertes** Beobachter mit guter Horizontsicht können die Kuppelform des Erdschattenbogens mühelos erkennen, die tatsächlich durch die Kugelgestalt der Erde zustande kommt. Die obere Kante des Erdschattenbogens ist meistens violett, was als Gegendämmerung bezeichnet wird. Der Erdschatten sollte nicht mit einer Dunstschicht verwechselt werden. Dunst ist auch dann zu erkennen, wenn die Sonne noch über dem Horizont steht, während der Erdschattenbogen nur auftaucht, wenn sie unter der Horizontlinie steht. Ein zweites Merkmal ist die Farbe: Dunst erscheint in reinem Grau und nicht tiefblau bis blaugrau wie der Erdschatten. Ursächlich an dieser Blaufärbung beteiligt ist das Ozonmolekül in der Ozonschicht der Atmosphäre.

Dämmerungsphasen

In der Zeit zwischen helllichtem Tag und stockfinsterer Nacht werden verschiedene Dämmerungsphasen durchlaufen.

> Merkmale Als Dämmerung gilt gemeinhin die Zeit zwischen Tag und Nacht, wenn die Sonne nicht über, sondern so flach unter dem Horizont steht, dass der Himmel aufgehellt erscheint. Je steiler der Winkel ist, mit dem die Sonne auf- und untergeht, desto kürzer fallen die Dämmerungsphasen aus.

> Vorkommen In Mitteleuropa ereignen sich an jedem Tag im Jahr zwei Dämmerungsphasen, eine vor Sonnenauf- und eine nach Sonnenuntergang. Ausnahme sind die nördlichsten Regionen, in denen es zur Zeit der Sommer-Sonnenwende nie ganz dunkel wird (s. Seite 89). In der Nähe des Erdäquators sind die Dämmerungsphasen besonders kurz, an den Polen sehr lang. Dort steht die Sonne ein halbes Jahr lang über dem Horizont, vor und nach dieser Zeit gibt es je eine über sieben Wochen anhaltende Dämmerung.

> Wissenswertes Auf den Sonnenuntergang folgt für rund 40 Minuten die „bürgerliche Dämmerung", in der die hellsten Planeten und einige Sterne sichtbar werden. Sie endet, sobald die Sonne sechs Grad unterhalb des Horizonts steht. Darauf folgt die „nautische Dämmerung", bis die Sonne 12 Grad unter den Horizont gesunken ist. Währenddessen tauchen die wichtigsten Sternbilder auf und Sterne bis zur dritten Größenklasse sind mit dem bloßen Auge wahrnehmbar. Daran schließt sich die „astronomische Dämmerung" an. Sie endet, wenn die Sonne 18 Grad unter dem Horizont erreicht hat, dann erst ist es richtig dunkel. Vor dem Sonnenaufgang treten die gleichen Phasen in umgekehrter Reihenfolge auf.

Bei leichtem Dunst oder dünnen Wolken entsteht um den Mond herum eine kreisförmige, weiße oder gelbliche Aufhellung.

> Merkmale Ein Hof um den Mond darf nicht mit einem Halo (s. Seite 81) verwechselt werden. Es handelt sich hierbei um eine „Lichtscheibe", die nach außen hin dunkler wird. Manchmal erscheint der äußere Rand braun oder rötlich verfärbt. Ein Hof ist auf wenige Monddurchmesser begrenzt.

> Vorkommen Zur Bildung eines Hofs führt Altostratus- oder Altocumulus-Bewölkung. Sogar bodennaher Nebel kommt als Auslöser in Frage. Durch ein dynamisches Wettergeschehen mit rascher Wolkenbewegung kann sich auch ein Hof um den Mond innerhalb von Minuten verändern, verschwinden und neu entstehen. Die gleichen Voraussetzungen können auch zur Bildung eines Hofs um die Sonne führen.

> Wissenswertes Ein Hof entsteht durch Lichtbrechung und Lichtbeugung an winzigen Wassertröpfchen. Eiskristalle hingegen verursachen Halo-Erscheinungen. Ein Hof um den Mond (oder um die Sonne) ist demnach ein Hinweis auf mit Feuchtigkeit übersättigte Luftmassen und deutet nicht selten einen Wetterwechsel mit Niederschlägen an. Einen künstlichen Hof kann man erzeugen, indem man die Frontlinse einer Kamera anhaucht und durch den Sucher schaut. Die Pollenkorona ist eine Sonderform, bei der große Mengen von Blütenpollen in der Luft einen Hof hervorrufen.

Fernglastipp
In Nächten mit einem Hof um den Mond zeigen auch helle Planeten und Sterne einen Hof.

Mondhalo

*Halos treten sowohl um die Sonne als auch um den Mond auf.
Am häufigsten zu sehen ist ein heller Ring um den Vollmond.*

> Merkmale Da Halo-Erscheinungen durch Lichtbrechung an kleinen Eiskristallen entstehen, die sich innerhalb der Erdatmosphäre in großer Höhe aufhalten, können durch das Mondlicht die gleichen Halos auftreten wie bei der Sonne (s. Seite 49). Namentlich ist das ein Ring oder Ringsegment um den vollen oder fast vollen Mond mit einem Winkelradius von 22 Grad. Hin und wieder treten auch „Nebenmonde" in Erscheinung, die den Nebensonnen (s. Seite 50) entsprechen.

> Vorkommen Die beste Zeit, nach Mondhalos Ausschau zu halten, sind die Tage um den Vollmond herum, wenn er maximal hell leuchtet. Gleichzeitig ist eine hohe, dünne Bewölkung gefragt, die einem normalerweise die Freude an nächtlichen Himmelsbeobachtungen ver-

miest. Handelt es sich bei dem Wolkenschleier um Cirrus- oder Cirrostratus-Bewölkung, die aus Eiskristallen besteht, ist ein Mondhalo sehr wahrscheinlich.

> Wissenswertes Mondhalos sind seltener als Sonnenhalos; der Grund ist, dass man auf die Vollmondphase angewiesen ist, da zu anderen Zeiten der Mond nicht hell genug oder vielleicht überhaupt nicht am Nachthimmel vertreten ist. Das Erkennen von farbigen Differenzierungen ist bei Sonnenhalos die Regel, bei Mondhalos die Ausnahme. Mondhalos sind lichtschwächer und unsere Augen brauchen eine Mindestbeleuchtungsstärke, um Farben zu erkennen. Wird die nötige Helligkeit nicht erreicht, können nur Helligkeitsunterschiede, aber keine Farben mehr wahrgenommen werden.

Lichtverschmutzung

Durch irdische Lichtquellen wird der Nachthimmel aufgehellt, so dass lichtschwache Sterne kaum mehr erkennbar sind.

> **Merkmale** Insbesondere in Ballungsgebieten, in denen viele Menschen auf engem Raum leben, machen Straßenlampen, leuchtende Reklametafeln, Autoscheinwerfer und Flutlichter die Nacht regelrecht zum Tag. Nur noch die hellsten Gestirne sind sichtbar.

> **Vorkommen** Lichtverschmutzung ist allgegenwärtig, besonders in den industrialisierten Ländern der Erde und an touristischen Brennpunkten. Die Leidtragenden sind vor allem die Bewohner großer Städte, denen der Anblick eines mit Sternen übersäten Himmels dauerhaft verwehrt ist. Doch auch abseits der Metropolen gelegene Landstriche können betroffen sein, denn eine Großstadt kann in mehr als hundert Kilometern Entfernung noch als Lichtglocke am Nachthimmel wahrgenommen werden.

> **Wissenswertes** Licht an sich ist unsichtbar, wenn wir nicht direkt in die Licht emittierende Quelle schauen. Wäre die Atmosphäre völlig frei von Wasserdampf, Staub und Aerosolen, müsste man nur einen Beobachtungsplatz aufsuchen, von dem aus die Lichtquellen nicht direkt zu sehen sind und könnte trotzdem einen schönen Sternenhimmel bestaunen. Doch in der Realität wird das Licht an den Teilchen in der Luft reflektiert und führt zur mehr oder weniger starken Aufhellung des Himmels. Kritiker fordern daher eine Reduktion der künstlichen Lichtquellen bei Nacht auf das notwendige Maß und eine Abschirmung dieser Lichtquellen nach oben. Das würde vielen Menschen wieder Zugang zum „Naturerbe Sternenhimmel" verschaffen – und nebenbei noch Strom sparen.

Dunkle Nachtwolken

Sternenlose Regionen am klaren Nachthimmel können Wolken sein, wenn diese nicht von unten beleuchtet werden.

> **Merkmale** Der Sternenhimmel ist nicht gleichmäßig mit Sternen besetzt, sternreichere Regionen stehen Gebieten mit weniger Sternen gegenüber. Innerhalb der Milchstraße heben sich kosmische Dunkelwolken ab. Treten jedoch größere, völlig sternlose, dunkle „Löcher" auf, die sich zudem im Laufe von Minuten weiterbewegen, handelt es sich um irdische Wolken.

> **Vorkommen** In stark bevölkerten Regionen sind rabenschwarze Wolken am Nachthimmel eine völlig unbekannte Erscheinung. Nur fernab von künstlichen Lichtquellen gibt es eine Chance, sie zu sehen. Die nächste Großstadt sollte mindestens hundert Kilometer weit weg sein, was in Mitteleuropa fast unmöglich ist. Gute Bedingungen, einen derart unbeeinträchtigten Nachthimmel genießen zu können, bieten ausge-

dehnte Wüsten, Halbwüsten und Gebirgsregionen in Ländern mit geringer Bevölkerungsdichte.

> **Wissenswertes** Sogar das Licht von kleinen Städten und Dörfern reicht aus, selbst in großer Höhe ziehende Wolken zu erreichen, so dass sie sich hell vor dem dunklen Sternenhimmel absetzen. Das ist inzwischen das gewohnte Bild für die meisten Menschen an ihrem Wohnort. Wer einen Platz gefunden hat, von dem aus dunkle Nachtwolken zu sehen sind, kann sich glücklich schätzen, denn er erlebt den Sternenhimmel so prächtig, wie es nur unseren Vorfahren vergönnt war und wie man ihn heutzutage nur selten zu Gesicht bekommt. Die dunklen Nachtwolken können demnach als „Gütesiegel" für beste Sichtbarkeitsbedingungen angesehen werden.

Mondsichel mit aschgrauem Licht

Bei schmaler Mondsichel wird auch der nicht direkt vom Sonnenlicht getroffene Bereich des Mondes sichtbar.

> Merkmale Je schmaler die Mondsichel ist, desto heller ist der Rest der Mondkugel zu sehen, der als „aschgraues" oder „fahlgraues Licht" bezeichnet wird. Je nach Wolkensituation auf der Erde ist das aschgraue Licht mal heller, mal weniger hell.

> Vorkommen Eine schmale Mondsichel ist einige Tage vor und nach Neumond sichtbar. Die schmale zunehmende Mondsichel am besten an Frühjahrsabenden, die abnehmende am besten an Herbstmorgenden. Dann ist in klaren Nächten nicht die Frage, ob das aschgraue Licht zu sehen ist, sondern nur die, wie hell es sein wird. In der Dämmerung verblasst es, während im Zweifelsfall ein Fernglas hilft.

> Wissenswertes Es ist die Erde, die zur Bildung des aschgrauen Mondlichts führt. Das von ihr reflektierte

Sonnenlicht erreicht den Mond und wird von ihm zurück auf die Erde reflektiert. Abhängig davon, ob dem Mond nun eher Ozean- oder Landflächen der Erde zugewandt sind und dem vorherrschenden Bewölkungsgrad fällt das aschgraue Mondlicht mehr oder weniger hell aus. Ein fiktiver Beobachter auf dem Mond würde die Erde dann fast als „Vollerde" am Mondhimmel sehen. Je weiter der Mond von uns aus gesehen zunimmt, desto mehr nimmt die Erde vom Mond aus gesehen ab, das aschgraue Licht wird dadurch dunkler.

Fernglastipp
Im Fernglas werden innerhalb des aschgrauen Lichtes Mare und Strahlenkrater sichtbar.

Der flinke Planet Merkur ist nur in der Dämmerung zu sehen und daher kein leichtes Beobachtungsobjekt.

> **Merkmale** Merkur hält sich immer in der Nähe der Sonne auf. Nur an wenigen Tagen im Jahr ist sein Winkelabstand zur Sonne groß genug, um ihn kurz nach Sonnenuntergang in östlicher (links von der Sonne) oder kurz vor Sonnenaufgang in westlicher Richtung (rechts von der Sonne) am Dämmerungshimmel zu erspähen.

> **Vorkommen** Wer Merkur sehen möchte, muss wissen, wann er den größten Winkelabstand zur Sonne erreicht (s. Seite 152). Am Abendhimmel taucht Merkur im Frühjahr auf, morgens kann man ihn im Herbst und Winter sehen. Nur bei sehr günstiger Stellung erstreckt sich eine Sichtbarkeitsperiode über drei Wochen, die besten Bedingungen herrschen nur einige Tage lang.

> **Wissenswertes** Merkur ist der kleinste und sonnennächste der Planeten. Er erreicht eine maximale Helligkeit von –1,9 Magnituden, etwas heller als Sirius, dem hellsten Fixstern. Merkurs Durchmesser beträgt 4878 Kilometer – nur 1400 Kilometer mehr als unser Mond. Auch Merkurs Oberfläche ist mit Kratern überzogen, während eine Atmosphäre völlig fehlt. Dadurch erreicht die Oberfläche bei Tag 400 Grad und mehr, während es in der Nacht auf fast –200 Grad abkühlt. Seinen Namen verdankt Merkur dem geflügelten Götterboten, der in der griechischen Mythologie als Hermes bekannt ist.

Fernglastipp
Mit dem Fernglas kann Merkur auch in der noch hellen Dämmerung gefunden werden.

Als Morgen- oder Abendstern ist der Planet Venus aufgrund seiner enormen Helligkeit nicht zu übersehen.

› Merkmale Nach Sonne und Mond ist die Venus das hellste Gestirn. Wie Merkur umrundet sie die Sonne innerhalb der Erdbahn, so dass sie entweder abends oder morgens zu sehen ist (s. Seite 152).

› Vorkommen Selbst für Gelegenheitsbeobachter ist die helle Venus am Himmel nicht zu übersehen. Ihr Winkelabstand zur Sonne kann bis zu 48 Grad betragen, ausreichend, um eine gesamte Nachthälfte sichtbar zu sein. In rund 584 Tagen tritt je eine westliche Elongation ein (dann ist Venus Morgenstern) und eine östliche (Venus ist Abendstern). Im Gegensatz zu Merkur dauert jede Sichtbarkeitsperiode viele Wochen oder Monate.

› Wissenswertes Venus folgt bei ihrem „Tanz um die Sonne" wie alle Planeten der Ekliptik, dem Tierkreis. Von der Stellung des Tierkreises

relativ zum Horizont hängt es ab, wie beeindruckend der Morgen- bzw. Abendstern den Himmel dominiert. Besonders imposant ist Venus als Abendstern im Frühjahr sowie als Morgenstern im Herbst. Dann verläuft die Ekliptik jeweils steil zum Horizont und Venus ist viele Stunden lang zu sehen. Bei flach zum Horizont verlaufender Ekliptik ist die Situation umgekehrt, dann fällt die Venussichtbarkeit entsprechend bescheiden aus. Die Bezeichnung Venus geht auf die römische Göttin der Liebe und der Schönheit zurück.

Fernglastipp
Das Fernglas zeigt die Phasengestalt der Venus, insbesondere die sichelförmige.

Eine pyramidenförmige Aufhellung nach Sonnenuntergang und vor Sonnenaufgang – Staub im Planetensystem.

› Merkmale Nach der abendlichen und vor der morgendlichen astronomischen Dämmerung (s. Seite 79), wenn es eigentlich stockdunkel sein sollte, ist eine Lichtpyramide am Himmel zu sehen, die mit der breiten Basis am Horizont beginnt und deren Spitze bis zum Zenit ragen kann.

› Vorkommen Je steiler die Ekliptik, der Tierkreis, relativ zum Horizont orientiert ist, desto besser sind die Chancen, das Zodiakallicht zu sehen. In Mitteleuropa ist das im Frühjahr abends, im Herbst morgens der Fall. Noch günstiger ist ein Beobachtungsort nahe dem Äquator, denn dort steht die Ekliptik das ganze Jahr über fast rechtwinklig zum Horizont. Es muss sehr klar sein und weder der Mond noch irdische Lichter dürfen die Beobachtung stören.

› Wissenswertes Das Zodiakallicht kommt durch Reflexion des Sonnenlichts an interplanetarem Staub in unserem Sonnensystem zustande. Die Staubteilchen sind, wie die Umlaufbahnen aller Planeten, mehr oder minder in einer Ebene orientiert. Daher verläuft das Zodiakallicht entlang der Ekliptik (der Sonnenbahn am Himmel). Allerdings ist die Größe und Dichte der Staubpartikel sehr gering, so dass der Staub nur dann sichtbar wird, wenn er im Gegenlicht der Sonne vor dem dunklen Himmel aufleuchtet. Der Lichtkegel des Zodiakallichts ist im Bereich der Sonne am hellsten und wird nach beiden Seiten hin immer lichtschwächer. Leicht ist es zu verwechseln mit dem Restlicht einer normalen Dämmerung, für ungeübte Beobachter auch mit dem Band Milchstraße.

Leuchtende Nachtwolken

In stockdunkler Nacht sind im Hochsommer in meist nördlicher Richtung leuchtende Wolken am Nachthimmel zu sehen.

> Merkmale Leuchtende Nachtwolken treten als dünne, lang gestreckte, teilweise faserige Wolken in Erscheinung, die silbrig-weiß glänzen und dabei auch einen bläulichen Schimmer aufweisen können. Sie erinnern an Cirrus-Wolken, sind aber so zart, dass die Sterne durch sie hindurch scheinen.

> Vorkommen Zwischen etwa 45 und 70 Grad nördlicher und südlicher geografischer Breite besteht die Möglichkeit, leuchtende Nachtwolken zu beobachten. Auf der Nordhalbkugel sind es die Monate Juni und Juli, weil die Sonne zu dieser Zeit selbst tief in der Nacht nicht weit unter den Horizont sinkt. Dann erreichen ihre Strahlen die hoch schwebenden Nachtwolken und lassen sie aufleuchten. Die Suche danach ist in nördlicher Himmelsrichtung am ergiebigsten. Oft können sie über mehrere Stunden hinweg gesehen werden, wobei sie fast regungslos erscheinen.

> Wissenswertes Nicht jede erleuchtete Wolke bei Nacht ist eine „Leuchtende Nachtwolke". Viele andere Wolken ziehen in einer so geringen Höhe, dass sie von dem Licht unserer Zivilisation illuminiert werden. Um sie nicht mit leuchtenden Nachtwolken zu verwechseln, kann ihre Bewegung als Indiz gelten: Tiefere Wolken bewegen sich nach einigen Minuten sichtbar weiter, während die leuchtenden Nachtwolken fast konstant an einer Stelle verharren. Sie befinden sich in etwa 80 Kilometer Höhe, so hoch wie keine anderen Wolken, daher werden sie vom Sonnenlicht noch erreicht. Noch nicht ganz geklärt ist, wie sich in dieser Höhe Eiskristalle bilden können.

Graue Nacht und Mitternachtssonne

Von grauen Nächten ist die Rede, wenn es um die Zeit der Sommersonnenwende nicht so richtig dunkel werden will.

› Merkmale In grauen Nächten hat man den Eindruck, dass die Dämmerung nie zu Ende geht und es nicht so richtig dunkel wird. Der Himmel erscheint nicht schwarz, sondern eher grau. Eine Extremform davon ist die Mitternachtssonne, wenn der Tag nie endet und die Sonne nicht untergeht.

› Vorkommen Dass die Tage um die Sommersonnenwende am 21. Juni die längsten des Jahres sind, ist jedem bekannt. Folglich sind die Nächte die kürzesten, in denen die Sonne nicht tief unter den Horizont sinkt, zumindest in den gemäßigten Breitengraden. Um einen Tag mit Mitternachtssonne zu erleben, muss man mindestens bis zum nördlichen Polarkreis reisen, dem 66,5. Breitengrad der Erde.

› Wissenswertes Vollständige Dunkelheit herrscht nur, wenn die astronomische Dämmerung zu Ende ist bzw. noch nicht eingesetzt hat (s. Seite 79), wenn die Sonne also zumindest 18 Grad unterhalb des Horizonts steht. Man kann leicht ausrechnen, wie tief die Sonne zur Sommersonnwende steht, und zwar mit der Formel: Gesuchte Höhe = $\varphi - 66{,}5$, wobei φ die geografische Breite darstellt. Für München auf dem 48. Breitengrad ergibt die Formel −18,5 Grad, d. h. dort gibt es keine grauen Nächte. In Hamburg auf dem Breitengrad 53,5 lautet das Ergebnis −13 Grad, d. h. dort treten Nächte ohne absolute Dunkelheit auf. Auf dem nördlichen Polarkreis (66,5. Breitengrad) gibt es rechnerisch exakt eine Nacht mit Mitternachts-Sonne. An den Polen der Erde steht ein halbes Jahr lang die Sonne über, das restliche Halbjahr unter dem Horizont.

Mit etwas Fantasie gelingt es, bei Vollmond ein Gesicht oder andere Figuren auf der Mondoberfläche zu erkennen.

> **Merkmale** Geologische Strukturen lassen die Oberfläche des Mondes mit dem bloßen Auge „fleckig" erscheinen. Die Flecken können willkürlich als „Mann im Mond" gedeutet werden.

> **Vorkommen** Alle 29,5 Tage ist Vollmond, die beste Zeit zur Identifizierung des „Mondgesichts". Auch zwei bis drei Tage vor und nach der exakten Vollmondstellung lohnen Versuche, in den dunklen Flecken auf dem Mond, den sogenannten „Meeren", ein Gesicht oder andere Gestalten zu erkennen. Die Meere auf dem Mond liefern nur eine Vorlage für die menschliche Fantasie. Jeder kann seiner eigenen Interpretation freien Lauf lassen, auch neue Figuren sind zulässig.

> **Wissenswertes** Früher glaubte man, auch der Mond verfüge über Ozeane. Heute wissen wir, dass es sich um Tiefebenen aus längst erkalteten Lava-Seen handelt. Verglichen mit den hellen Regionen, den „Kontinenten", enthalten die „Meere" bedeutend weniger Krater. Da die Krater durch kosmische Einschläge entstanden sind, müssen die Mare mit einem Alter von ca. 3,5 Milliarden Jahren vergleichsweise jung sein.

Wer den Mann im Mond regelmäßig anschaut, wird zwei Dinge feststellen: Zum einen kehrt uns der Mond immer das gleiche Antlitz zu, während die Rückseite des Mondes von der Erde aus nie zu sehen ist. Zum anderen ist etwas mehr als Hälfte der Mondoberfläche zu sehen, weil er während eines Umlaufs um die Erde eine scheinbare Taumelbewegung durchführt, die uns ein wenig über die Mondränder blicken lässt.

Mondphasen

Der Mond zeigt wechselnde Lichtphasen: Vollmond, Halbmond und Neumond sind die bekanntesten Stationen.

> Merkmale Nach der Neumond-stellung erscheint die zunehmende Mondsichel am Abendhimmel. Sie ist mit ihrer Rundung nach Westen gerichtet, so wie der Buchstabe „D". Der zunehmende Halbmond wird als „Erstes Viertel" bezeichnet. Es folgt der Vollmond, der die ganze Nacht am Himmel steht. Danach nimmt der Mond wieder ab und zieht sich in die zweite Nachthälfte zurück. Beim abnehmenden Mond zeigt die Rundung nach Osten, wie bei dem Buchstaben „C". Nach dem abnehmenden Halbmond („Letztes Viertel") wird er wieder zur Sichel, die nur in den Morgenstunden zu sehen ist.

> Vorkommen Mit einer Periode von 29,5 Tagen wiederholen sich die Mondphasen. Der Neumond ist un-beobachtbar, wenn er nicht zufällig die Sonne bedeckt und dadurch eine Sonnenfinsternis (s. Seite 47) stattfindet. Mondfinsternisse (s. Seite 93) hingegen können nur bei Vollmond stattfinden.

> Wissenswertes Hauptsächlich ist es dem Mond zu verdanken, dass es auf der Erde Gezeiten, also Ebbe und Flut gibt. Da man den Gezeiten eine Rolle bei der Entstehung des Lebens auf der Erde zuschreibt, wäre die Erde ohne den Mond unter Umständen ein lebloser Planet. Ein Zusammenhang zwischen der Mondphase und dem Wetterge-schehen auf der Erde hingegen lässt sich nicht nachweisen.

Fernglastipp
An der Grenze zwischen Hell und Dunkel sind die meisten Krater und Gebirge zu erkennen.

Mondlauf

Rund einmal im Monat umrundet der Mond die Erde. Sein Lauf am Himmel ist dabei starken Schwankungen unterworfen.

> **Merkmale** Auf- und Untergangszeiten sowie die scheinbare Bahn des Mondes am Firmament verändern sich von Tag zu Tag merklich. Auch die maximale Höhe, die er über dem Horizont einnehmen kann, schwankt beträchtlich.

> **Vorkommen** Schon beim Sonnenlauf (s. Seite 46) war zu sehen, dass im Jahreslauf die genauen Himmelsrichtungen der Auf- und Untergänge, die Auf- und Untergangszeiten sowie die Maximalhöhe nicht konstant sind. Den gleichen Prozess macht der Mond ebenso durch, nur absolviert er eine Umrundung des Tierkreises in 27,3 Tagen. Zusätzlich ist die Mondbahn gegenüber der Sonnenbahn um rund fünf Grad geneigt, so dass der Mond den Jahreshöchststand der Sonne um fünf Grad übertrumpfen kann und ihren Tiefststand zur Wintersonnenwen-

de um jene fünf Grad auch unterbieten kann.

> **Wissenswertes** Da der Mond Tag für Tag um gut 13 Grad auf seinem Weg entlang des Tierkreises in östlicher Richtung weiterzieht, verspäten sich seine Auf- und Untergangszeiten erheblich. Nicht jedoch um den gleichen Betrag, denn es kommt darauf an, ob er bei seiner Wanderung nördliche Teile des Tierkreises erklettert oder in südliche Gefilde hinab steigt. So steht der Vollmond im Hochsommer besonders tief, zur Wintersonnenwende besonders hoch am Himmel, weil er der Sonne stets gegenüber steht und somit näherungsweise die Bahn der Sonne in einem halben Jahr beschreibt. Entsprechend findet man den zunehmenden Halbmond im Frühjahr hoch am Himmel und den abnehmenden Halbmond im Herbst.

Stehen Sonne, Erde und Mond in einer Reihe, wird der Mond vom rötlichen Schatten der Erde verfinstert.

> Merkmale Es gibt totale und partielle Mondfinsternisse. Bei einer totalen Finsternis taucht der komplette Mondglobus in den Erdschatten ein, bei einer partiellen nur teilweise. Der Vollmond verdunkelt sich ganz oder teilweise, was mehrere Stunden dauern kann. Bei einer Halbschatten-Mondfinsternis wird das Mondlicht nur leicht gedämpft.

> Vorkommen Eine Mondfinsternis kann sich nur bei Vollmond ereignen, findet aber selten statt, denn die Mondbahn ist gegenüber der Sonnenbahn um ca. fünf Grad geneigt. Sie schneidet die Ekliptik an zwei „Drachenpunkten". Nur wenn sich der Vollmond nahe diesen Drachenpunkten aufhält, kommt es zur Finsternis. Eine Mondfinsternis ist von der gesamten Erdhalbkugel aus zu sehen, auf der gerade Nacht herrscht. Pro Jahr können bis zu zwei, im schlechtesten Fall auch keine einzige Mondfinsternis zu sehen sein. Genaue Termine finden Sie ab Seite 152.

> Wissenswertes Besonders spannend sind die totalen Mondfinsternisse. Dann nämlich steckt der gesamte Mond im Kernschatten der Erde und bleibt als kupferrote Kugel am Himmel sichtbar! Ursache ist die Erdatmosphäre, die einen Teil des Sonnenlichts bricht und die blauen Anteile stark streut. So gelangt vorwiegend langwelliges, also gelbliches und rötliches Licht auf die Mondoberfläche.

Fernglastipp
Ein Fernglas zeigt das Vorrücken des Mondes in den Erdschatten besonders deutlich.

Großer Mond

Speziell beim Auf- oder Untergang des Mondes hat man den Eindruck, er sei am Himmel besonders groß.

> Merkmale Steht der Mond nur knapp über dem Horizont, empfinden wir ihn subjektiv als besonders groß. Im Vergleich dazu sieht der hoch am Himmel stehende Mond eher klein aus. Doch es handelt sich nur um eine optische Täuschung, die Größe des Mondes selbst ändert sich kaum.

> Vorkommen Besonders eindrucksvoll ist die „Mondtäuschung", wenn bei Vollmond der Mondaufgang in der Abenddämmerung stattfindet. Frühaufsteher können es an denselben Tagen mit dem Untergang des Mondes in der Morgendämmerung versuchen. Die Kugel des Mondes steht dann in unmittelbarer Nähe zu irdischen Objekten wie Bäumen oder Häusern, die einen Größenvergleich ermöglichen. Steht der Mond höher am Himmel, dann fehlt ein solcher Größenvergleich.

> Wissenswertes Dass der „große Mond" tatsächlich eine optische Täuschung ist, lässt sich durch Fotos belegen, die während des Mondaufgangs und bei hoch stehendem Mond angefertigt werden: Auf den Fotos ist kein Größenunterschied messbar. Genau genommen ist der auf- oder untergehende Mond sogar um einen Erdradius weiter vom Betrachter entfernt als der im Zenit stehende. Die scheinbare Größe des Mondes schwankt aber auch, da er alle rund 27 Tage einmal in Erdnähe und einmal in Erdferne steht. Der erdnahe Vollmond erscheint um 13,5 Prozent größer als der erdferne.

> **Fernglastipp**
> Mondauf- und -untergänge sind im Fernglas eine echte Attraktion!

*Satelliten zeigen sich am Nachthimmel als wandernde Licht-
punkte. Die Raumstation kann heller als alle Sterne leuchten.*

> **Merkmale** Satelliten sehen aus wie Sterne, die sich allerdings in flottem Tempo über den Himmel bewegen. Im Gegensatz zu Flugzeugen gibt es keine blinkenden Positionslichter, keine Triebwerksgeräusche und keine kurvigen Flugbahnen. Besonders hell strahlt die Internationale Raumstation ISS.

> **Vorkommen** Zufallsbeobachtungen gelingen in Sommernächten mühelos, weil die Sonne nur flach unter den Horizont sinkt und viele der Satelliten von der Sonne angestrahlt werden. Nur dann sind sie sichtbar, denn sie leuchten nicht selbst. Um die ISS einmal zu sehen, ist etwas Planung hilfreich. Im Internet kann man sich bei www.calsky.de oder www.heavens-above.com auflisten lassen, an welchen Tagen und zu welchen Uhrzeiten ISS-Überflüge stattfinden.

> **Wissenswertes** Die Internationale Raumstation umkreist die Erde pro Tag fast 16-mal, in einer mittleren Höhe von 340 Kilometer. Je nach Bahnverlauf ergibt sich aber nicht bei jeder Umrundung ein sichtbarer Überflug. Oft ist nicht die gesamte Bahn am Himmel zu verfolgen, wenn die ISS im Schatten der Erde verschwindet. Kurz vorher verfärbt sie sich rötlich, weil von der ISS aus gesehen die Sonne untergeht. Die ISS und andere Satelliten haben glatte Sonnensegel, die wie ein Spiegel das Sonnenlicht direkt zum Beobachter reflektieren können. Dann spricht man von einem „Flare" (s. Seite 96), einem kurzzeitigen, steilen Anstieg der Helligkeit. Andere Satelliten zeigen sogar eine pulsierende Helligkeit – ein deutlicher Hinweis auf die Eigenrotation des Satelliten.

Iridium-Flare

Wenn die Antennen eines Iridium-Satelliten am Nachthimmel aufblitzen, wird selbst die Venus an Leuchtkraft übertroffen.

> Merkmale Zunächst wird der Satellit als schwacher Lichtpunkt sichtbar, der langsam zwischen den Sternen entlang zieht. Gemächlich steigert sich seine Helligkeit, bis es plötzlich zu einem wahren Helligkeitsausbruch kommt, der nur sekundenlang anhält. Danach verblasst der Lichtpunkt wieder, bis er für das bloße Auge entschwindet.

> Vorkommen In fast jeder Nacht ist zumindest ein Iridium-Flare zu sehen, meistens sogar mehrere. Man sollte sich berechnen lassen, wo und wann ein solches Ereignis stattfindet, um es gezielt zu beobachten. Zuverlässige Vorhersagen bieten die Webseiten www.calsky.de und www.heavens-above.com. Man muss dabei seinen Standort genau auswählen, denn wenige Kilometer Abweichung entscheiden über die Sichtbarkeit des Flares.

> Wissenswertes Rund 70 Iridium-Satelliten umrunden die Erde in einer Entfernung von 780 Kilometer, wobei für einen Umlauf eine Stunde und 40 Minuten benötigt werden. Ihre Aufgabe ist der Betrieb eines weltumspannenden Kommunikationsnetzes für die mobile Telefonie. Dazu verfügen sie über 1×2 Meter große, flächige Antennen, die wie ein Spiegel wirken und das Sonnenlicht reflektieren. Steht der Beobachter direkt im reflektierten Strahl, entsteht ein bis zu -9 Magnituden heller Blitz am Nachthimmel, der tausendfach heller als der hellste Fixstern Sirius strahlt. Selbst am Taghimmel sind solche hellen Iridium-Flares zu sehen. Im Jahr 2009 kollidierte der Iridum-Satellit Nummer 33 mit einem russischen Satellit und wurde zerstört.

UFO

Es kommt vor, dass am Himmel Objekte auftauchen, die zunächst unerklärlich sind. Kann es sich dabei um UFOs handeln?

> **Merkmale** UFO steht als Abkürzung für „Unidentifiziertes Flug-Objekt". Das gemeinsame Merkmal aller UFOs ist daher, dass man das vermeintliche Flugobjekt nicht zu identifizieren imstande ist. Nachdem erkannt wurde, um was es sich handelt, ist es ein IFO, ein „Identifiziertes Flug-Objekt".

> **Vorkommen** Als Gelegenheitsbeobachter werden immer wieder Phänomene am Himmel auftauchen, deren Deutung zunächst unmöglich ist. Doch selbst wenn es sich um ein Flugobjekt handeln sollte, ist damit noch lange nicht die Existenz einer „Fliegenden Untertasse" mit Außerirdischen an Bord bewiesen. Das gilt selbst für jene UFOs, die sich einer wissenschaftlichen Erklärung entziehen.

> **Wissenswertes** UFOs sind Erscheinungen, die man sich nicht erklären kann. Die Folgerung, es handele sich um Flugkörper fremder Zivilisationen, ist nicht zu begründen und nutzt das Wissensvakuum für Spekulationen, die wegen ihrer Mystik hartnäckigen Bestand haben. Die meisten der gemeldeten UFOs können identifiziert werden: Als Mond, Planet, Komet, Polarlicht, Halo-Erscheinung, Raketen-Abgase, Flugzeug, Wetterballon, Party-Ballon, Sky-Beamer, Vogelschwarm, Wolke, Gewitter … Wer ein UFO sieht, sollte ein Foto davon machen, dann fällt die spätere Identifikation leichter.

Fernglastipp
Manch ein UFO wird beim Blick durch das Fernglas schnell zu einem IFO!

Mars

Der „rote Planet" zieht alle zwei Jahre die Blicke auf sich, weil er durch seine Helligkeit und Farbe am Himmel auffällt.

> **Merkmale** Steht Mars in Erdnähe, leuchtet er am Himmel deutlich heller als alle Sterne und kann sogar Jupiter leicht übertreffen. Sein ruhiges, gelblich-oranges Licht macht ihn unverwechselbar. Je weiter Mars von der Erde entfernt ist, desto lichtschwächer wird er, bis er sich gerade noch mit Regulus, dem Hauptstern im Sternbild Löwe (s. Seite 113), messen kann.

> **Vorkommen** Mars zieht außerhalb der Erde um die Sonne. Alle 780 Tage überholt ihn die Erde auf der Innenbahn, dann steht er der Erde am nächsten und die Oppositionsstellung ist erreicht. Wegen der stark elliptischen Bahn von Mars fallen die Oppositionen sehr verschieden aus: Zwischen 55 und 100 Millionen Kilometer kann der Abstand schwanken. Alle 15 bis 17 Jahre kommt uns Mars besonders

nahe, nach 2003 wird das im Jahr 2018 wieder der Fall sein. Wie alle Planeten hält sich Mars stets in den Tierkreissternbildern auf. Um auf Mars Oberflächeneinzelheiten ausmachen zu können, benötigt man ein Teleskop.

> **Wissenswertes** Mars ist nur etwa halb so groß wie die Erde und verfügt über eine dünne Atmosphäre. Spekulationen über mögliches Leben auf Mars gipfelten mit der angeblichen Sichtung von „Marskanälen", von denen erstmals im Jahr 1877 berichtet wurde. Sie wurden erst Mitte des letzten Jahrhunderts als optische Täuschung ad Acta gelegt. Mars ist inzwischen ein gut erforschter Planet, Spuren von ehemaligem Leben konnten nicht gefunden werden. Benannt ist Mars nach dem griechischen Kriegsgott Ares, den die Römer Mars nannten.

Jupiter

Jupiter ist der größte Planet im Sonnensystem und leuchtet heller als Sterne. Im Fernglas sind seine Monde sichtbar.

> **Merkmale** Nach der Sonne, dem Mond und der Venus ist Jupiter das vierthellste Gestirn am Firmament, nur in seltenen Fällen von Mars übertroffen. Von einem Stern unterscheidet er sich auch durch sein ruhiges Licht, das nicht flackert.

> **Vorkommen** Jupiter ist immer in einem der Tierkreissternbilder zu finden. Rund zwölf Jahre benötigt der Planet für eine Runde durch den Tierkreis, was seiner Umlaufzeit um die Sonne entspricht. Die beste Sichtbarkeit herrscht während seiner Oppositionsstellung, wenn er der Sonne genau gegenüber steht. Dann ist er am hellsten und die ganze Nacht über zu sehen. Aber auch viele Wochen vor und nach der Oppositionsstellung ist Jupiter kaum zu übersehen. 400 Tage vergehen von einer zur nächsten Jupiter-Opposition.

> **Wissenswertes** Jupiter ist der größte und massereichste Planet in unserem Sonnensystem, rund fünfmal so weit von der Sonne entfernt wie die Erde. Sein Durchmesser ist elfmal so groß wie der der Erde, allerdings besteht Jupiter im Wesentlichen aus Gas. Durch seine Schwerkraft erweist er den Menschen einen großen Dienst, denn viele Asteroiden und Kometen stürzen auf ihn herab. Das hat ihm den Spitznamen „Kosmischer Staubsauger" eingebracht. Umkreist wird Jupiter von zahlreichen Monden, vier davon sind besonders groß und hell.

Fernglastipp
Neben Jupiter erkennt man seine vier hellsten Monde Io, Europa, Ganymed und Kallisto.

Saturn

Der Planet Saturn ist vor allem seiner herrlichen Ringe wegen bekannt. Diese sind aber nur in einem Fernrohr zu sehen.

> **Merkmale** Aufgrund seiner größeren Entfernung strahlt Saturn nicht ganz so hell am Himmel wie Jupiter oder Mars. Sein fahles, gelbliches Licht übertrifft dennoch den vierthellsten aller Sterne, Arktur im Sternbild Bärenhüter (s. Seite 125), wenn Saturn in Opposition steht.

> **Vorkommen** Eine Umrundung des Tierkreises vollendet Saturn in rund 29,5 Jahren. Die Erde braucht dafür nur 365 Tage, so dass alle 378 Tage ein Überholmanöver stattfindet und Saturn in Opposition steht, d. h. Sonne, Erde und Saturn stehen auf einer Linie. Lautet die Reihenfolge Erde, Sonne, Saturn, dann ist die Stellung der Konjunktion erreicht und Saturn ist für einige Wochen nicht mehr am Nachthimmel zu sehen. Danach taucht er zunächst am Morgenhimmel auf, weil er von Tag zu Tag ein wenig früher im Osten aufgeht.

> **Wissenswertes** Der Durchmesser der Saturnkugel übertrifft den der Erde um das Neunfache; nur Jupiter ist noch größer. Wie Jupiter ist Saturn ein Gasplanet ohne eine feste Oberfläche. Selbst während der Opposition ist Saturn fast 1,2 Milliarden Kilometer weit von der Erde entfernt. Sogar das Licht benötigt für diese Distanz mehr als eine Stunde. Wie alle Planeten leuchtet Saturn nicht selbst, sondern reflektiert das auftreffende Sonnenlicht. Noch weiter entfernt sind die Planeten Uranus und Neptun, die aber so schwach leuchten, dass sie für das bloße Auge unerreichbar sind.

Fernglastipp
Der hellste Saturnmond Titan ist für das Fernglas eine leichte Beute.

Konjunktion und Konstellation

Kommt es zu einer Begegnung zweier oder mehrerer Gestirne, spricht man von einer Konjunktion oder Konstellation.

> Merkmale Während die Fixsterne ihre relative Stellung zueinander beibehalten, bewegen sich die Planeten (= „Wandelsterne") und der Mond auf dem Tierkreis in unterschiedlichen Geschwindigkeiten. Dabei kommt es immer wieder zu himmlischen Rendezvous, die umso beeindruckender sind, je enger die Begegnung ist und je mehr Akteure daran beteiligt sind.

> Vorkommen Konjunktionen sind keine seltene Erscheinung, denn alleine durch die schnelle Hatz des Mondes um den Tierkreis in knapp einem Monat begegnet er allen in diesem Zeitraum am Himmel sichtbaren Planeten. Doch nicht jede Konjunktion bildet eine attraktive Konstellation, weil einerseits der minimale Abstand variiert, anderseits die größte Annäherung zu einem Zeitpunkt stattfinden kann, wenn die beteiligten Himmelskörper gar nicht sichtbar sind.

> Wissenswertes Da sich weder der Mond noch die Planeten exakt auf der Ekliptik bewegen, fällt jede Konjunktion anders aus. Auch helle Sterne in der Nähe der Ekliptik, etwa Regulus im Löwen (s. Seite 113) oder Antares im Skorpion (s. Seite 116), können daran beteiligt sein. Ein Extremfall ist erreicht, wenn der Mond einen viel weiter entfernten Planeten oder Stern bedeckt. Zieht die Mondscheibe darüber, ist der Planet oder Stern für rund eine Stunde hinter dem Mond verborgen. Doch nicht immer muss der Mond an einer Konjunktion beteiligt sein. Als „Große Konjunktion" wird das Zusammentreffen von Jupiter und Saturn bezeichnet. Manche vermuten, dies sei die Erklärung für den „Stern von Bethlehem".

In den Perioden mit starker Sonnenaktivität sind Polarlichter zu beobachten, farbenfrohe „Flammen" am Nachthimmel.

> Merkmale Ein Polar- oder Nordlicht macht sich durch farbige Strahlen, Vorhänge und Bänder am dunklen Himmel bemerkbar. Manche sind kaum zu erkennen, andere sind auffallend hell und zeigen eine ausgeprägte Dynamik, gehören dann zu den schönsten Schauspielen, die man am Firmament erleben kann.

> Vorkommen Die Häufigkeit von Polarlichtern nimmt zu, je weiter man sich dem Nord- oder Südpol der Erde nähert. In Skandinavien oder Alaska beispielsweise gibt es regelmäßig Polarlichter. In unseren gemäßigten Breiten hingegen nimmt die Häufigkeit stark ab, konzentriert sich auf die Phasen mit hoher Sonnenaktivität, die alle elf Jahre ein Maximum erreicht. Dann ist pro Jahr auch in Mitteleuropa mit zehn bis 20 Polarlicht-Sichtungen zu rechnen.

> Wissenswertes Die Entstehung der Polarlichter beruht auf Teilchen, die von der Sonne abgestrahlt werden. Aufgrund der elektrischen Ladung dieser Teilchen werden sie entlang der Magnetfeldlinien der Erde zu den Polen gelenkt und interagieren auf diesem Weg mit Bestandteilen der Erdatmosphäre, hauptsächlich Sauerstoff und Stickstoff. Ist Sauerstoff in einer Höhe von etwa 100 Kilometer betroffen, entsteht ein grünliches Glimmen. Beim Stickstoff in der doppelten Höhe ist das fluoreszierende Licht eher violett, rot oder blau. Hierzulande sind daher rote Polarlichter häufiger, weil die Strahlungsenergie geringer ist und die Teilchen nicht in tiefere Schichten der Atmosphäre eindringen. Vorhersagen findet man im Internet unter: www.meteoros.de/polar/polwarn.htm.

Sternschnuppen

Manchmal tauchen am Nachthimmel Meteore auf, die auch als Sternschnuppen bezeichnet werden.

> **Merkmale** Wann und wo ein Meteor erscheint, kann nicht im Voraus berechnet werden. Lediglich für die Wahrscheinlichkeit, wie viele Meteore pro Nacht zu sehen sein werden, gibt es Prognosen. Ein besonders heller Meteor wird als Feuerball bezeichnet.

> **Vorkommen** Jedes Jahr zur gleichen Zeit wiederholen sich die Meteorströme, Zeiten mit erhöhter Sternschnuppenaktivität. Die bekanntesten davon sind die Perseiden (um den 12. August), die Leoniden (um den 17. November) und die Geminiden (um den 14. Dezember). Dann sind Sternschnuppen besonders häufig. Sie scheinen jeweils bestimmten Sternbildern zu entspringen, die Perseiden dem Perseus, die Leoniden dem Löwen (s. Seite 113) und die Geminiden den Zwillingen (s. Seite 111).

> **Wissenswertes** Verlängert man die Bahnen der Meteore eines Sternschnuppen-Stroms nach hinten, treffen sie alle in einem Punkt zusammen, den man Radiant nennt. Durch einen perspektivischen Effekt scheinen die Meteore diesem Punkt zu entspringen, ähnlich den Schneeflocken bei einer Autofahrt. Die Meteore sind winzige Staubpartikel mit wenigen Millimetern Größe, die in die Erdatmosphäre eindringen, durch ihre hohe Geschwindigkeit die Luft ionisieren und dadurch das Aufleuchten hervorrufen. Die meisten Partikel verdampfen dabei, nur von größeren können Reste die Erdoberfläche erreichen, dann nennt man sie Meteorite. Tagtäglich sammelt die Erde auf diese Weise auf ihrer Bahn um die Sonne bis zu 10.000 Tonnen Material auf.

Kometen

Kometen werden auch Schweifsterne genannt. Richtig helle und auffällige Exemplare sind leider recht selten.

> Merkmale Im Gegensatz zu einer Sternschnuppe kann ein Komet wochenlang am Himmel verfolgt werden. Sein Kopf sieht wie ein verwaschener Stern aus, während er in Sonnennähe seinen charakteristischen Schweif ausbildet.

> Vorkommen Von vielen Kometen ist die Umlaufbahn bekannt, so dass ihr regelmäßiges Erscheinen vorhersagbar ist. Andere tauchen unerwartet aus den Tiefen des Weltalls auf. Zwischen der Entdeckung und dem Zeitpunkt der besten Sichtbarkeit liegen aber meist etliche Monate, so dass genug Zeit bleibt, von der Neuentdeckung zu erfahren.

> Wissenswertes Kometen sind Mitglieder des Sonnensystems und umlaufen wie die Planeten die Sonne; sie sind kleine Körper mit wenigen Kilometern Durchmesser, die sich auf stark elliptischen Bahnen bewegen. Viele halten sich lange Zeit in großer Entfernung zur Sonne auf und bleiben unseren Blicken verborgen. Erst wenn sie sich nach Jahrhunderten oder Jahrtausenden der Sonne nähern, werden sie sichtbar. Ungefähr in Marsentfernung beginnt Gas und Staub aus dem Kometenkern auszutreten, der von Sonnenwinden „verweht" wird. Deshalb zeigt ein Kometenschweif immer von der Sonne weg. Der Kometenkern besteht aus einem Gemisch von Staub, Gestein und viel Eis, weshalb man Kometen auch „schmutzige Schneebälle" nennt.

> **Fernglastipp**
> Bei der Kometenbeobachtung ist ein Fernglas sehr hilfreich.

Sternfunkeln

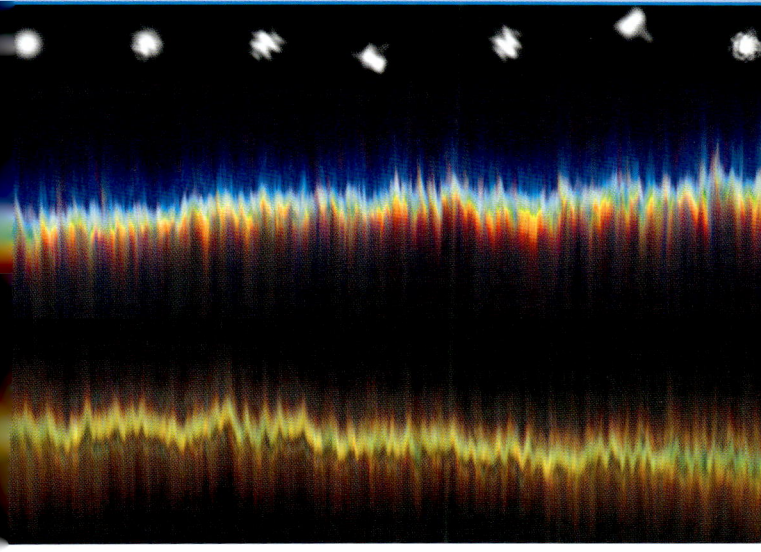

Besonders im Winter funkeln und flackern die hellen Sterne. Das führt zum Eindruck eines „glitzernden Sternenhimmels".

› Merkmale Helle Sterne verändern bei Turbulenzen in der Erdatmosphäre innerhalb von Sekundenbruchteilen ständig ihre Helligkeit. Steht ein Stern in nur geringer Höhe über dem Horizont, ist der Effekt stärker ausgeprägt, weil das Sternenlicht einen längeren Weg durch die Atmosphäre zurücklegen muss.

› Vorkommen In jeder sternklaren Nacht kann das Funkeln der Sterne beobachtet werden. So romantisch das auch ausschauen mag, deutet es für den Astronomen doch auf eher ungünstige Beobachtungsbedingungen hin, wenn mit hohen Vergrößerungen gearbeitet wird. Nur in Ausnahmefällen stehen die Sterne ruhig und leuchten mit konstanter Helligkeit. In anderen Regionen der Erde können bessere Bedingungen herrschen. In großer Höhe beispielsweise liegt ein beträchtlicher Teil der Erdatmosphäre unterhalb des Beobachters, so dass das Sternfunkeln nachlässt.

› Wissenswertes Das Sternfunkeln entsteht durch Effekte in der Erdatmosphäre, es sind nicht die Sterne selbst, die flackern. „Szintillation" ist der Fachausdruck für den ständigen Lichtwechsel, der durch Vermischung von Luftmassen unterschiedlicher Temperatur und/oder Drücke entsteht, die eine Lichtbrechung bewirkt und so die Helligkeitsschwankungen der Sterne hervorruft. Gleichzeitig schwankt die Position des Sterns minimal.

Fernglastipp
Das Fernglas zeigt bei den hellen Sternen zusätzlich zum Funkeln einen ständigen Farbwechsel.

Sternfarben

Die hellsten Sterne am Himmel weisen eine Eigenfärbung auf, die man bereits mit dem bloßen Auge erkennen kann.

> Merkmale Die konstante Eigenfarbe der Sterne ist nicht zu verwechseln mit den raschen Farbwechseln bei starkem Sternfunkeln. Das Spektrum der Sternfarben reicht von Orangerot und Gelb über Weiß bis hin zu bläulichen Tönen. Im Fernglas zeigt sich die Eigenfarbe auch bei den lichtschwächeren Sternen.

> Vorkommen Sterne mit rötlicher Farbe sind Antares im Skorpion, Beteigeuze im Orion und Aldebaran im Stier. Eher orange erscheint Arktur im Bootes. Gelblich hingegen strahlen unsere Sonne, Prokyon im Kleinen Hund sowie Kapella im Fuhrmann. Deneb im Schwan ist weiß, Rigel im Orion, Wega in der Leier und Sirius im Großen Hund bläulichweiß. Noch intensiver ist die Blaufärbung bei Spica in der Jungfrau und Regulus im Löwen.

> Wissenswertes Die Farbe von Sternen weist auf die Temperatur ihrer Oberfläche hin. Rote Sterne haben eine relativ niedrige Oberflächentemperatur, gelbe vertreten das Mittelfeld und blaue Sterne sind die heißesten. Die Skala beginnt bei ca. 2000 Grad (rot) und endet bei über 20.000 Grad (blau). Gelbe Sterne wie unsere Sonne sind an ihrer Oberfläche ca. 5500 Grad heiß. Sehr kühle Sterne strahlen im Infrarotlicht, besonders heiße im Ultravioletten. Deutlich höher ist die Temperatur im Inneren der Sterne, wo sich die Kernfusion abspielt.

Fernglastipp
Stellen Sie das Bild im Fernglas leicht unscharf ein, um die Sternfarben besser zu erkennen.

Milchstraße

Die Milchstraße zieht sich als Band über den Himmel und setzt sich aus zahllosen Sternen unserer Heimatgalaxie zusammen.

› Merkmale Die Sonne ist einer von ca. 200 Milliarden Sternen, die in Form einer Spiralgalaxie organisiert sind, von uns Milchstraße genannt. Wir betrachten diese Galaxie aus dem Inneren und alle Sterne am Nachthimmel gehören ihr an. Beim Blick in die Ebene der Galaxis ist die Sternendichte besonders hoch: So entsteht das helle Milchstraßenband am Himmel.

› Vorkommen Von der Nordhalbkugel aus gesehen ist in klaren, mondlosen Sommernächten die Milchstraße am deutlichsten zu sehen. Je nach Uhrzeit erstreckt sich ihr fahles Glimmen von Norden über den Zenit bis zum Süden, wo die hellste Region nur knapp über dem Horizont steht. Im Winter nimmt die Milchstraße eine ähnlich günstige Position ein, ist aber weniger hell als im Sommer. Im Frühling

bietet sich allenfalls in der zweiten Nachthälfte die Gelegenheit, die Milchstraße zu sehen.

› Wissenswertes Ein Beobachtungsort mit möglichst wenig Lichtverschmutzung ist eine Voraussetzung, um die Milchstraße deutlich zu sehen. Geben Sie Ihren Augen Zeit, sich an die Dunkelheit zu gewöhnen und schauen sie zwischendurch nicht in helle Lichtquellen. Dann wird sogar eine Struktur innerhalb der Milchstraße erkennbar, die aus unterschiedlich hellen Regionen, regelrechten Sternwolken und dunklen Staubwolken besteht.

Fernglastipp
Das Fernglas offenbart, dass die Milchstraße aus einer Vielzahl von Einzelsternen besteht.

Himmelsdrehung

Beständig wie ein Uhrwerk rotiert der Himmel über unseren Köpfen einmal pro Tag um uns herum.

> Merkmale Wie die Sonne sind alle Gestirne in ständiger, scheinbarer Bewegung. Sie gehen in östlicher Richtung auf, erreichen im Süden ihren Höchststand und gehen im Westen wieder unter. Dreh- und Angelpunkt für diese Bewegung ist der nördliche Himmelspol, in dessen unmittelbarer Nähe der Polar- oder Nordstern steht.

> Vorkommen Wer eine Weile lang den Sternenhimmel im Osten betrachtet, wird dort den Aufgang von Sternen miterleben können. Ganze Sternbilder erheben sich im Laufe von Stunden über den Horizont, während andere im Westen untergehen. Als Variante können Sie auch einen Stern im Süden ins Visier nehmen, der über einer markanten Stelle auf der Erde steht, etwa einem Kirchturm. Wenn Sie ihre Position nicht verändern, werden Sie schon nach einigen Minuten bemerken, dass der Stern nach Westen (rechts) weiterzieht.

> Wissenswertes Der Himmelsdrehung direkt zuzusehen ist schwierig, weil sie langsam abläuft. Es ist wie das Beobachten des Stundenzeigers einer Uhr: Die direkte Bewegung bleibt unsichtbar, wird aber nach einigen Minuten trotzdem deutlich wahrnehmbar. Die Himmelsdrehung ist eine scheinbare, denn nicht die Gestirne rotieren um die Erde, sondern die Erde rotiert um ihre Achse. Die Verlängerung der Erdachse nach Norden zeigt zufällig fast genau auf den Polarstern, daher scheinen alle Gestirne um ihn herum zu kreisen. Sternbilder, die nahe genug am Polarstern stehen, gehen niemals unter und werden als „zirkumpolar" bezeichnet; dazu gehört für uns der „Große Wagen".

Tierkreissternbild: Widder

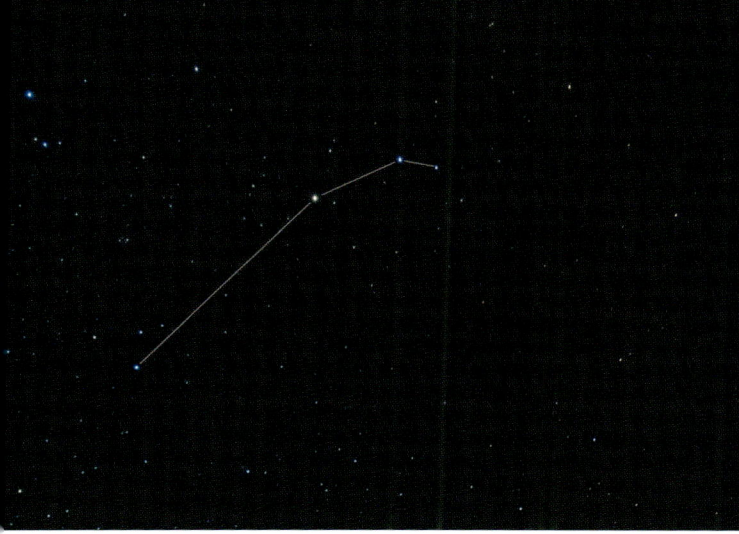

Nur vier Sterne bilden das Sternbild Widder, das von Juli bis März zu sehen ist. Besonders auffällig ist es nicht.

> Merkmale Als Sternbild ist der Widder keine besonders auffällige Erscheinung. Es besteht nur aus vier Sternen, die mehr oder weniger eine Linie bilden. Nur zwei davon leuchten mittelhell, die beiden anderen sind lichtschwächer. Ohne ein gerüttelt Maß an Fantasie ist es nicht möglich, darin das gehörnte Tier zu erkennen.

> Vorkommen Die beste Zeit für die Beobachtung des Widders liegt im Herbst, denn vom 19. April bis 14. Mai durchläuft die Sonne das Sternbild. Die beste Sichtbarkeit ist ein halbes Jahr später erreicht, wenn das Tagesgestirn dem Widder gegenüber steht. Im Juli taucht er erstmals am Morgenhimmel im Nordosten auf. Der Aufgang verfrüht sich in jeder folgenden Nacht um vier Minuten, bis die Zeit der besten Sichtbarkeit Ende Oktober/ Anfang November erreicht ist. Zu dieser Zeit finden Sie den Widder um Mitternacht hoch im Süden. Spätestens Ende März verabschiedet sich der Widder am westlichen Abendhimmel.

> Wissenswertes Im Westen des Widders schließen sich die Fische, nach Osten der Stier an. Nördlich vom Widder findet man das Sternbild Perseus, südlich davon den Walfisch. Der Widder gilt bis heute als erstes Zeichen des Tierkreises, weil im Altertum vor rund 2000 Jahren der Frühlingspunkt im Widder lag, d. h. die Sonne stand am Tag des Frühlingsbeginns im Sternbild Widder. Diese Würde wurde dem Sternbild gelassen, obwohl der Frühlingspunkt durch eine Kreiselbewegung der Erdachse, die Präzession genannt wird, bereits ins Sternbild Fische gewandert ist.

Tierkreissternbild: Stier

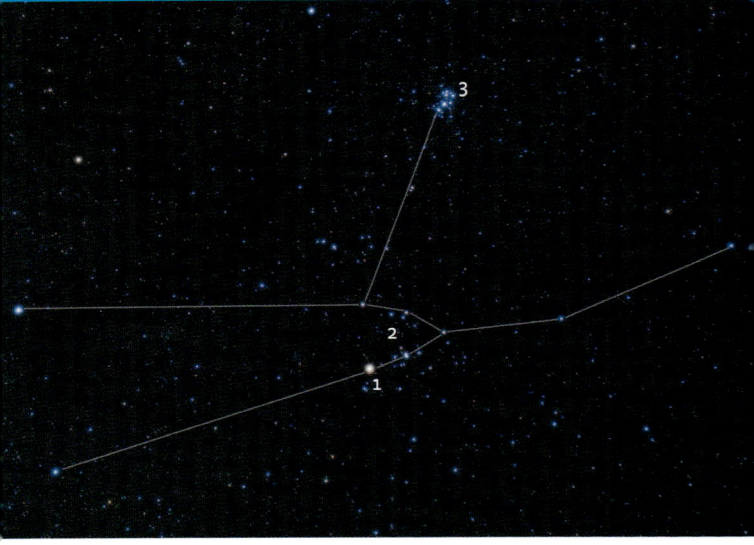

Der Stier zählt zu den schönsten Wintersternbildern. Sein Hauptstern Aldebaran (1) zeigt eine rötliche Farbe.

> **Merkmale** Eines der markantesten Sternbilder des Tierkreises ist der Stier. Mit etwas Vorstellungskraft ist die Vorderhälfte eines Stiers zu erkennen, wobei Aldebaran das rote, blutunterlaufene Auge darstellt. Die beiden östlichen Sterne bilden die Hörnerspitzen. Mit bloßen Augen können zwei Sternhaufen, die Hyaden (2) und die Plejaden (3), mühelos erkannt werden.

> **Vorkommen** Die Sonne befindet sich vom 14. Mai bis zum 21. Juni im Sternbild Stier, sechs Monate später ist die beste Zeit gekommen, den Stier zu beobachten. Das markante Bild des winterlichen Sternenhimmels ist ab August am Morgenhimmel zu sehen und letztmalig im April nach Sonnenuntergang im Westen. Im Winter steht der Stier hoch am Himmel, wenn er im Süden seinen Höchststand erreicht.

> **Wissenswertes** Aldebaran ist ein wahrer Gigant. Sein Durchmesser übertrifft denjenigen der Sonne um das 40-fache, seine Leuchtkraft die der Sonne gar um den Faktor 125. Kein Wunder also, dass er so hell am Himmel strahlt, obwohl er 65 Lichtjahre von uns entfernt ist. Die Sonnenbahn zieht genau zwischen den Sternhaufen Hyaden und Plejaden hindurch. Passieren die Sonne, der Mond oder ein Planet diese Stelle, durchschreiten sie das sogenannte „Goldene Tor der Ekliptik". Dem Stier geht der Widder voraus, die Zwillinge folgen ihm.

Fernglastipp
Im Fernglas sind die zwei hellen Sternhaufen im Stier eine echte Attraktion.

Tierkreissternbild: Zwillinge

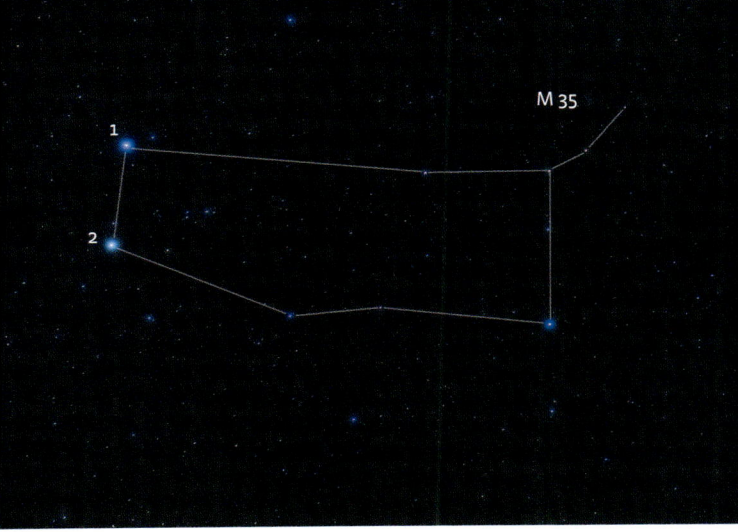

Eines der schönsten Tierkreissternbilder sind die Zwillinge. Kastor (1) und Pollux (2) sind die beiden hellen Hauptsterne.

› Merkmale Wie der Stier gehören auch die Zwillinge zum Schmuck des Winterhimmels. Die parallelen Sternenketten ermöglichen die Vorstellung von zwei nebeneinander stehenden Brüdern, Kastor und Pollux. Nach ihnen sind die beiden hellsten Sterne in den Zwillingen benannt. Kastor ist ein wenig lichtschwächer.

› Vorkommen Im Zeitraum vom 21. Juni bis zum 21. Juli hält sich die Sonne im Sternbild der Zwillinge auf, dann ist es nicht zu sehen. Erste Chancen ergeben sich Ende August am Morgenhimmel, ihre Abschiedsvorstellung geben die Zwillinge im Mai. Die besten Bedingungen sind zu Jahresbeginn erreicht, wenn das Sternbild zu Mitternacht eine Position hoch am Himmel einnimmt. Kastor und Pollux bilden die nordöstliche Grenze des winterlichen Sternenhimmels.

› Wissenswertes Bis im Jahr 1989 stand die Sonne zum Zeitpunkt der Sommersonnenwende im Sternbild Zwillinge. Diese Sonderstellung hatte es inne seit dem Jahr 15 vor unserer Zeitrechnung, als der Sommerpunkt vom Krebs in die Zwillinge trat. Ab 1990 übernahm der Stier diese Rolle. Kastor ist 50, Pollux 34 Lichtjahre von uns entfernt. Die wahre Leuchtkraft von Kastor ist bedeutend größer als diejenige von Pollux, nur so lässt sich verstehen, dass beide Sterne fast gleich hell am Himmel erscheinen. Rechts der Zwillinge steht der Stier, links davon der Krebs.

> *Fernglastipp*
> Der offene Sternhaufen Messier 35 ist ein schönes Fernglasobjekt.

Tierkreissternbild: Krebs

Nicht einen einzigen hellen Stern findet man im Krebs. Dafür aber einen schönen Sternhaufen, der im Fernglas begeistert.

> Merkmale Der Krebs ist ein sehr unscheinbares Sternbild, dessen lichtschwache Sterne an einem durch Lichtverschmutzung aufgehellten Himmel kaum oder gar nicht zu erkennen sind. Von den fünf Sternen, die das Sternbild formen, erreicht selbst der hellste gerade einmal die Größenklasse 3,5. Selbst dann, wenn das Sternbild zu sehen ist, wird man kaum ein Krustentier darin erkennen können.

> Vorkommen Die Sonne benötigt den Zeitraum vom 21. Juli bis zum 11. August, um das Sternbild Krebs zu passieren. Beste Sichtbedingungen herrschen demnach im Januar und Februar, während sich die gesamte Sichtbarkeitsperiode von September bis Mai erstreckt. Im Grenzbereich zwischen den Winter- und den Frühlingssternbildern steht es im Süden hoch am Himmel.

> Wissenswertes In der Antike stand die Sonne zur Sommersonnenwende im Krebs, verlor diese Position aber aufgrund der Präzessionsbewegung der Erdachse an den Stier. Aus dieser Zeit stammt noch die Bezeichnung „Wendekreis des Krebses" für den 23,5. nördlichen Breitengrad der Erde, auf dem die Sonne zu Sommeranfang zur Mittagszeit exakt im Zenit steht. Dieser Name wurde beibehalten, obwohl er heute „Wendekreis des Stiers" heißen müsste. Westlich vom Krebs findet sich der Stier, östlich davon der Löwe.

Fernglastipp
Messier 44 (die „Krippe") und Messier 67 sind zwei schöne Sternhaufen für das Fernglas.

Tierkreissternbild: Löwe

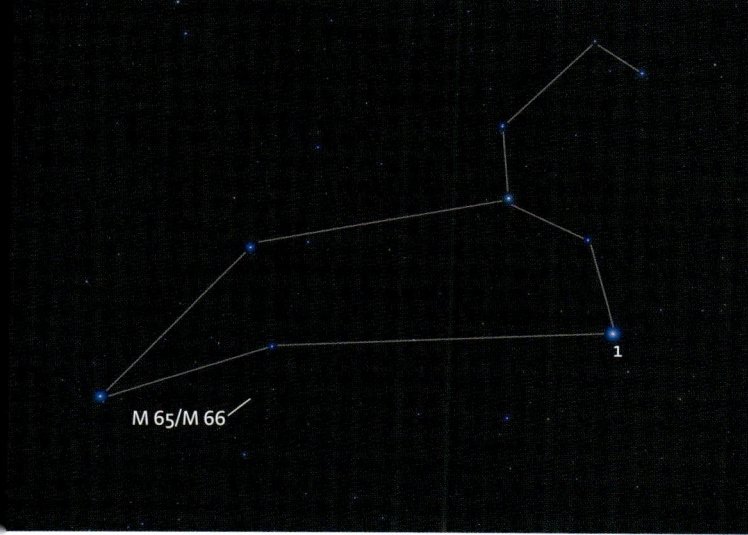

M 65/M 66

1

Am Frühjahrshimmel ist der Löwe das prägende Sternbild, sein Hauptstern Regulus (1) der hellste Stern weit und breit.

> **Merkmale** Die Sterne des Löwen lassen erstaunlich gut die Konturen einer Großkatze erahnen, auch wenn sie nur zwei, sich berührende Trapeze bilden. Das kleinere davon bildet den Kopf, das größere den Körper des Tieres. Regulus zählt zwar nicht zu den hellsten Sternen, zieht aber am Frühlingshimmel mangels Konkurrenz dennoch die Blicke auf sich.

> **Vorkommen** Vom 11. August bis zum 17. September zieht die Sonne auf ihrer Bahn durch das Sternbild Löwe. Im Februar und März steht er die ganze Nacht am Himmel. Im Mai beendet er seine Sichtbarkeitsperiode am Abend, ab Oktober taucht er wieder am Morgenhimmel auf. Wenn der Große Wagen im Zenit steht, findet sich der Löwe auf halber Strecke zwischen ihm und dem Südpunkt am Horizont.

> **Wissenswertes** Besonders nahe streift die Sonne am 23. August an Regulus vorbei, der nur ein halbes Grad von der Ekliptik entfernt steht. Dieses Treffen ist freilich nicht beobachtbar, weil der Stern mit der Sonne am Taghimmel steht. Ab und an wird Regulus vom Mond bedeckt. Knapp 80 Lichtjahre ist der bläulich leuchtende Regulus von der Erde entfernt. Nach Westen grenzt das Tierkreissternbild Krebs, nach Osten die Jungfrau an den Löwen. Im Löwe sind einige relativ helle Galaxien zu finden, von denen manche im Fernglas sichtbar sind.

Fernglastipp
Messier 65 und Messier 66 sind Galaxien, die im guten Fernglas erspäht werden können.

Das Sternbild Jungfrau liegt genau am Himmelsäquator. Sein hellster Stern ist Spika (1), die ein bläuliches Licht aussendet.

> **Merkmale** Auch wenn es schwer fällt, in dem Sternmuster eine Jungfrau zu erkennen, ist das Sternbild dennoch einprägsam mit helleren Sternen, allen voran Spika. Zusammen mit Regulus im Löwen und Arktur im Bootes bildet Spika das Frühlingsdreieck.

> **Vorkommen** Am besten sichtbar ist die Jungfrau im März und April. Nachdem die Sonne das Sternbild vom 17. September bis zum 31. Oktober durchquert hat, taucht es ab November am Morgenhimmel auf. Im Mai kann es letztmalig in voller Pracht am Abendhimmel im Westen gesehen werden. Selbst während des Höchststandes im Süden erreicht die Jungfrau nur eine mittelhohe Position. Die Deichsel des Großen Wagens kann als Aufsuchhilfe für Spika dienen: Verlängert man ihren bogenförmigen Schwung, stößt man zunächst auf Arktur im Bootes, danach auf Spika.

> **Wissenswertes** In der Jungfrau liegt der Punkt, an dem die Ekliptik den Himmelsäquator kreuzt. Dort wechselt die Sonne zu Herbstbeginn von der nördlichen auf die südliche Hemisphäre des Himmels. Spika ist etwa zwei Grad südlich der Ekliptik zu finden, so dass es zu Sternbedeckungen durch den Mond kommen kann. Dass Spika so hell leuchtet, obwohl sie über 260 Lichtjahre von der Erde entfernt ist, liegt an ihrer immensen Leuchtkraft. Der Jungfrau voran geht der Löwe, die Waage folgt ihr nach.

Fernglastipp
Einige Galaxien werden im Fernglas als winzige Nebel sichtbar.

Die Waage enthält keine hellen Sterne und ist ein sehr unauffälliges Sternbild am frühsommerlichen Nachthimmel.

> **Merkmale** Nur vier Sterne formen ein unregelmäßiges Rechteck und lassen wenig Spielraum, in ihnen eine Waage zu erkennen. Von zwei prächtigen Tierkreissternbildern in die Zange genommen – der Jungfrau im Westen und dem Skorpion im Osten – kann die Waage kaum Aufmerksamkeit auf sich lenken.

> **Vorkommen** Die Sonne stattet dem Sternbild vom 31. Oktober bis zum 23. November ihren jährlichen Besuch ab. Erste Sichtbarkeitschancen bieten sich zum Jahreswechsel, die letzten im August. Der Höhepunkt ihrer Sichtbarkeit ist im Mai erreicht, wenn die Waage gegen Mitternacht nur mittelhoch im Süden steht. Da sie knapp unterhalb des Himmelsäquators liegt, erreicht die Waage von Mitteleuropa aus keine größeren Höhen über dem Horizont.

> **Wissenswertes** Zumindest zwei Sterne der Waage erreichen die Größenklassen 2,6 und 2,7, leuchten damit etwa halb so hell wie der Polarstern. Der etwas schwächere davon heißt Zubenelgenubi (1), was so viel bedeutet wie „südliche Kralle des Skorpions", denn die Araber rechneten ihn zum Skorpion. Ihn trennt nur ein drittel Grad von der Ekliptik, so dass er oft vom Mond bedeckt wird. Es handelt sich um einen Doppelstern (s. Seite 133 und Fernglastipp unten). In der Antike stand die Sonne am Tag des Herbstbeginns in der Waage.

Fernglastipp
Zubenelgenubi (1) offenbart im Fernglas seine Natur als Doppelstern.

Der prächtige Skorpion bleibt immer in Horizontnähe. Sein rötlicher Hauptstern Antares (1) ist nicht zu übersehen.

> Merkmale Das Sternbild Skorpion gehört zu den schönsten am gesamten Himmel. Ohne Mühe lässt sich aus der Anordnung der Sterne das Spinnentier mit Scheren und Stachelschwanz identifizieren. Den Kopf markiert der rötliche Antares. Teile des Sternbildes ragen in die hellen Bereiche der sommerlichen Milchstraße.

> Vorkommen Nur sieben Tage, vom 23. bis zum 30. November, dauert die Sonnenpassage durch den Skorpion. Am besten zu sehen ist er im Mai und Juni; am Morgenhimmel taucht er im Februar auf und verabschiedet sich im August am Abendhimmel. Leider steigt von Deutschland aus der Skorpion niemals vollständig über den südlichen Horizont. Um ihn in ganzer Pracht zu erleben, ist eine Reise in südliche Gefilde angesagt.

> Wissenswertes Die Rotfärbung von Antares ist sehr auffällig und erinnert an den Planeten Mars. Im Gegensatz zum Mars flackert sein Licht aber, wie es für Sterne typisch ist. Antares ist ein „Roter Überriese", dessen Durchmesser denjenigen der Sonne um mehr als das Achthundertfache übertrifft! Er ist etwa 600 Lichtjahre von uns entfernt. Bei guter Horizontsicht ist es reizvoll, mit dem Fernglas nach Sternhaufen und Nebeln Ausschau zu halten. Der Skorpion folgt auf dem Tierkreis der Waage und geht dem Schützen voraus.

Fernglastipp
Neben Antares ist der Kugelsternhaufen Messier 4 im Fernglas leicht zu erkennen.

M 8

Mitten im Band der Milchstraße liegt der Schütze, in dem die Sonne im Dezember ihren Jahres-Tiefststand einnimmt.

> Merkmale Das Sternbild Schütze weist zwar keinen besonders hellen Stern auf, verfügt aber über sieben Sterne, die heller als die dritte Größenklasse leuchten. Um in dem Sternenwirrwarr einen Bogenschützen mit dem Unterleib eines Pferdes zu erkennen, ist viel Fantasie gefragt. Leichter erkennbar ist eine „Teekanne", die von den hellsten Rumpfsternen gebildet wird. Der Schütze ist in die hellsten Regionen der Milchstraße eingebettet.

> Vorkommen Die Sonne durchwandert den Schützen vom 18. Dezember bis zum 20. Januar und erreicht dabei ihren Tiefststand zum Zeitpunkt der Wintersonnenwende. Als Vorbote des Sommers taucht er Ende April am Morgenhimmel auf, letztmalig wird man ihn im September am Abend sehen können. Wie der Skorpion nimmt der Schütze bei uns eine horizontnahe Position ein, Teile des Sternbildes bekommen wir nie zu Gesicht.

> Wissenswertes Die Sonne verlässt den Skorpion am 30. November, tritt aber erst am 18. Dezember in den Schützen. Zwischenzeitlich durchschreitet sie das Sternbild Schlangenträger, ein weitgehend unbekanntes, „dreizehntes Tierkreissternbild". Auf den Schützen folgt der Steinbock. Die Blickrichtung in das Zentrum unserer Milchstraße zielt exakt auf eine Stelle im Schützen. Im Fernglas sieht man viele Sternhaufen und Nebel sowie dunkle Wolken aus Staub.

Fernglastipp
Es lohnt sich, den Lagunennebel Messier 8 im Fernglas anzusehen.

Tierkreissternbild: Steinbock

Mit hellen Sternen kann der Steinbock nicht aufwarten und seine horizontnahe Stellung erschwert die Beobachtung.

> **Merkmale** Der Steinbock ist kein auffälliges Sternbild. Helle Sterne fehlen, so dass die Beobachtungsbedingungen gut sein müssen, um das Sternenmuster vollständig zu erkennen. Darin einen Steinbock, genauer einen „Ziegenfisch", also einen Steinbock mit Fischschwanz, zu sehen, verlangt der menschlichen Fantasie viel ab.

> **Vorkommen** Auf ihrem jährlichen Weg durch den Tierkreis betritt die Sonne ab dem 20. Januar den Steinbock und verlässt ihn wieder am 16. Februar. Am Nachthimmel ist er sechs Monate später, im Juli und August, prominent vertreten, auch wenn der Steinbock nur eine geringe Höhe über dem Horizont einnimmt. Erstmalig wird man ihn im Juni am Morgenhimmel, letztmalig im November am Abendhimmel ausmachen können.

> **Wissenswertes** Die Sonne wandert vom Schützen in den Steinbock, das darauf folgende Tierkreissternbild ist der Wassermann. Die Ekliptik nimmt innerhalb des Steinbocks einen steilen Verlauf und steigt um rund acht Grad an. Das erklärt die Zunahme der Tageslänge während des Zeitraums, zu dem sich die Sonne im Steinbock befindet. Die „Hörnerspitzen" des Steinbocks bildet der Stern Algiedi (1), der schon mit dem bloßen Auge als Doppelstern (s. Seite 133) aufgelöst werden kann. Spätestens im Fernglas sind die beiden Komponenten sichtbar.

Fernglastipp
Dabih (2) ist ein echter Doppelstern, der im Fernglas aufgelöst werden kann.

Beim Wassermann handelt es sich um ein riesiges Sternbild, das allerdings keine hellen Sterne aufzuweisen hat.

> Merkmale Wie der Steinbock gehört auch der Wassermann zum herbstlichen Sternenhimmel, der relativ arm an auffälligen Sternen ist. Obwohl viele Sterne den Wassermann formen, sind nur zwei davon heller als die dritte Größenklasse. Die Figur eines Mannes mit Wasserkrug zu sehen, fällt schwer.

> Vorkommen Vom 16. Februar bis 12. März steht die Sonne im Sternbild Wassermann und gewinnt während dieser Zeit tüchtig an Höhe. Ab Juli wird man ihn morgens im Südosten, zuletzt im Dezember abends im Südwesten sehen können. August und September ist die beste Beobachtungszeit. Der Wassermann nimmt eine Position zwischen dem Pegasus und dem Sternbild Südlicher Fisch ein, dessen Hauptstern Fomalhaut als Wegweiser zum Wassermann dienen kann.

> Wissenswertes Vom Steinbock kommend betritt die Sonne den Wassermann und verlässt ihn in Richtung der Fische. Der hellste Stern im Wassermann ist Sadalsuud (1), was arabischen Ursprungs ist und so viel wie „Glück des Glücks" bedeutet. Wir hingegen haben weniger Glück, dass er so weit, nämlich über 600 Lichtjahre von uns entfernt ist. Befände sich dieser Stern mit seiner gewaltigen Leuchtkraft nur 32,6 Lichtjahre (10 Parsec) entfernt, würde Sadalsuud mit der Venus um die Wette strahlen und wäre mit Abstand der hellste Stern am gesamten Himmel.

> **Fernglastipp**
> Nur bei dunklem Himmel ist der Helixnebel (2) zu sehen.

Tierkreissternbild: Fische

Eine Bereicherung des herbstlichen Nachthimmels stellen die Fische nicht dar. Nur mit Mühe wird man sie ausmachen.

> **Merkmale** In den Fischen übertreffen nur drei Sterne knapp die vierte Größenklasse. Dennoch ist die von etlichen Sternen gebildete Kette mit einem markanten „Kopf" einprägsam, wenn man sie erst einmal gefunden hat. Die figürliche Darstellung besteht aber aus zwei Fischen.

> **Vorkommen** Die Sonne tritt am 12. März, vom Wassermann kommend, in die Fische ein und verlässt es am 19. April in Richtung des Widders wieder. In den Fischen liegt der Frühlingspunkt, also jene Position, an der die Ekliptik den Himmelsäquator von Süden nach Norden kreuzt. Dort steht die Sonne am Frühlingsanfang. Die Fische sind somit ein Sternbild des herbstlichen Sternenhimmels, wenn die Sonne ihm gegenüber steht: Im September und Oktober ist es am besten zu beobachten. Von Juni bis Februar sind die Fische sichtbar. Das Sternbild erstreckt sich unterhalb des Pegasus und erreicht eine mittlere Höhe über dem Horizont.

> **Wissenswertes** Nachdem in der Antike der Frühlingspunkt im Widder lag, befindet er sich heute in den Fischen. Der Grund für diese ständige Verschiebung ist die Präzession, eine Kreiselbewegung der Erdachse innerhalb von rund 26.000 Jahren. Die Präzession der Erdachse wird auch dem Polarstern seine Sonderstellung rauben und in 12.000 Jahren die helle Wega im Sternbild Leier zum Polarstern machen. Der hellste Stern in den Fischen heißt Kullat Nunu (1) und ist ein 300 Lichtjahre entfernter Riesenstern, 25-mal so groß wie die Sonne. Seine Leuchtkraft übertrifft die der Sonne gar um das 300-fache.

Sternbild Großer Bär

Das bekannte Sternbild mit dem „Großen Wagen" ist in jeder klaren Nacht zu sehen und weist den Weg zum Polarstern.

> **Merkmale** Fast jeder kennt die sieben Sterne, aus denen der Große Wagen mit seiner Deichsel zusammengesetzt ist. In Wirklichkeit ist der Wagen Teil des noch größeren Sternbildes Großer Bär, dessen Umriss allerdings von lichtschwächeren Sternen markiert wird. Auffällig ist der Große Wagen weniger durch die Helligkeit seiner Sterne, sondern eher durch die einprägsame Figur, die sie bilden.

> **Vorkommen** Der Große Wagen ist in Mitteleuropa zirkumpolar, d. h. er geht nie unter. Allerdings kreist er – wie alle Sternbilder – um den Himmelspol und nimmt dadurch unterschiedliche Positionen am Himmel ein. Beobachtet man immer gegen 22 Uhr, steht er im Frühjahr fast senkrecht über unseren Köpfen am Himmel. Im Sommer hingegen nimmt er nur noch eine halbhohe

Stellung im Nordwesten ein. Im Herbst erreicht er seinen Tiefstand im Norden, um im Winter eine halbhohe Position im Nordosten zu beziehen.

> **Wissenswertes** Der Große Wagen ist eine wichtige Orientierungshilfe am Himmel. Verlängert man seine hinteren Kastensterne um das Fünffache nach oben, trifft man auf den Polarstern, der ziemlich exakt die Nordrichtung anzeigt. Führt man die Krümmung der Deichsel schwungvoll weiter, erreicht man zuerst den hellen Arktur im Bootes, dann den Hauptstern der Jungfrau, Spika. Am mittleren Deichselstern können Sie einen Sehtest durchführen: Knapp oberhalb des Sterns Mizar (1) steht der lichtschwächere Alkor, das „Reiterlein". Falls es nicht klappen sollte, nehmen Sie doch ein Fernglas zu Hilfe.

Sternbild Kleiner Bär

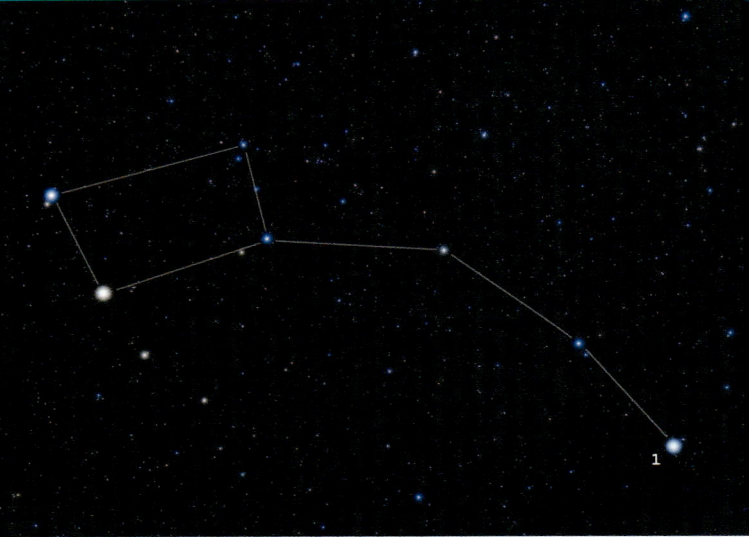

Dieses Sternbild verdankt seine Bekanntheit vor allem seinem Hauptstern (1), der Polar- oder Nordstern genannt wird.

> **Merkmale** Das Sternbild Kleiner Bär wird umgangssprachlich auch als Kleiner Wagen bezeichnet. Der Polarstern ist kein besonders heller Stern; er bildet das vordere Ende der Deichsel des Kleinen Wagens. Teile des Sternbildes bestehen aus lichtschwachen Sternen, die nur bei guten Beobachtungsbedingungen zu sehen sind.

> **Vorkommen** Zu finden ist der Kleine Bär in jeder klaren Nacht in Richtung Norden. Wie der Große Bär ist er zirkumpolar und geht nie unter. Während der Polarstern an einer Stelle verharrt, kreisen die anderen Sterne des Kleinen Bären um ihn herum. Wer um 22 Uhr beobachtet, findet das Sternbild im Jahreslauf in verschiedenen Positionen. Bezogen auf das Ziffernblatt einer Uhr bedeutet das im Frühjahr in 3-Uhr-, im Sommer in 12-Uhr-, im Herbst in 9-Uhr- und im Winter in 6-Uhr-Stellung.

> **Wissenswertes** Der Polarstern ist etwas heller als die zweite Größenklasse und damit kein besonders auffälliger Stern. Immerhin gibt es in seiner unmittelbaren Umgebung keine Konkurrenz. Zufälligerweise steht er mit 0,75 Grad Abstand derzeit dem Himmelsnordpol sehr nahe. Doch diese Sonderrolle wird er nicht ewig innehaben. Durch die Präzession der Erdachse, eine Art Kreiselbewegung, wandert der Himmelspol weiter. Die kommenden Jahre findet noch eine Annäherung statt, bis im Jahr 2102 die kürzeste Distanz von etwa 0,5 Grad erreicht sein wird. Danach entfernt sich der Polarstern wieder vom Himmelspol. Der Himmelspol ist der Punkt, um den sich der ganze Himmel scheinbar dreht.

Sternbild Orion

Der Orion ist ein ausgesprochen schönes Sternbild mit hellen Sternen, das seinen Auftritt in den Wintermonaten hat.

> Merkmale Neben dem Großen Wagen gehört der Orion zu den bekanntesten Sternbildern. Er ziert den winterlichen Sternenhimmel und zeichnet durch helle Sterne die Form eines Jägers nach: Kopf, Schultern, Gürtel und Beine sind zu erahnen, und selbst das umgehängte Schwert fehlt nicht. Mit Beteigeuze und Rigel sind gleich zwei Sterne der „Top Ten" vertreten.

> Vorkommen Erstmals taucht der Orion am östlichen Morgenhimmel im August als früher Vorbote der kalten Jahreszeit auf. Nach dem Höhepunkt seiner Sichtbarkeitsperiode von Dezember bis Februar macht ihm die immer später einsetzende Abenddämmerung zu schaffen, so dass er im April die Himmelsbühne endgültig verlässt. Steht der Orion im Süden, nimmt er dort eine mittelhohe Position ein.

> Wissenswertes Hellster Stern im Orion ist Rigel (1), der rechte untere Fuß. Es ist der siebthellste aller Sterne und leuchtet bläulich-weiß, was auf seine hohe Oberflächentemperatur schließen lässt. Seine Helligkeit ist trotz der Entfernung von 770 Lichtjahren so gewaltig, weil er 40.000-mal heller als die Sonne scheint. Beteigeuze (2), der linke Schulterstern, strahlt ein rötliches Licht ab. Es handelt sich um einen „Roten Überriesen" in 428 Lichtjahren Entfernung. Er ist der zehnthellste Stern am Himmel. Der Orion-Nebel (M 42) ist ein riesiges Sternentstehungsgebiet.

Fernglastipp
Der Orion-Nebel Messier 42 ist ein dankbares Fernglasobjekt.

Sternbild Großer Hund

Am Winterhimmel funkelt der hellste Stern: Sirius (1) im Großen Hund. Er ist nur gut acht Lichtjahre von uns entfernt.

> Merkmale Neben Sirius bilden weitere, ziemlich helle Sterne eine Gestalt, die mit etwas Fantasie als die eines Hundes interpretiert werden kann. Alle Aufmerksamkeit richtet sich jedoch auf Sirius, den mit Abstand hellsten aller Fixsterne. Sein weißes Licht sticht sogar am mit hellen Sternen reich bestücken Winterhimmel hervor.

> Vorkommen Der Große Hund ist ein typisches Wintersternbild der Monate Dezember bis Februar. Frühestens Ende August wird man Sirius erstmals am Morgenhimmel sehen, das gesamte Sternbild ab Oktober. Letztmalig steht es Anfang April vollständig sichtbar am Abendhimmel. Werden die Gürtelsterne des Orion nach links verlängert, trifft man auf Sirius. Der Große Hund ist Bestandteil der südlichen Himmelshemisphäre und erreicht hierzulande eine nur geringe Höhe über dem Horizont.

> Wissenswertes Sirius ist doppelt so hell wie der zweithellste Fixstern, Kanopus, der von Mitteleuropa aus aber nicht zu sehen ist. Den hellsten Stern am nördlichen Himmel, Arktur im Bootes, übertrifft er gar um das Vierfache. Sirius ist nur doppelt so groß wie die Sonne, verfügt aber über die 25-fache Leuchtkraft. Mit einem Abstand von 8,3 Lichtjahren ist er ein Nachbarstern der Sonne, nur sechs andere Sterne stehen ihr näher. Sirius ist ein Doppelsternsystem, deren Komponenten sich alle 50 Jahre einmal umrunden. Schon die Babylonier kannten den Großen Hund als Begleiter des Himmelsjägers Orion. Über dem großen Hund steht das Sternbild Einhorn, darüber wiederum der Kleine Hund mit dem Hauptstern Prokyon.

Sternbild Bootes

Der hellste Stern im Sternbild Bootes ist der rötliche Arktur (1), neben Wega in der Leier der hellste Stern am Nordhimmel.

> **Merkmale** Hoch am Frühlingshimmel beherrscht der Bootes die Bühne. Seine Sterne bilden eine Form, die eher an einen Kinderdrachen erinnert als an eine menschliche Gestalt, die den Rinderhirten darstellen soll. Höhepunkt ist der orange strahlende Arktur, der hellste Stern der nördlichen Himmelshälfte und der vierthellste Stern von allen.

> **Vorkommen** Aufgrund seiner nördlichen Stellung ist der Bootes ganzjährig zu sehen, am besten im Frühling. Danach verlagert sich die Sichtbarkeit mehr und mehr in die Abendstunden. Bevor er sich vom Abendhimmel völlig verabschiedet, taucht er am Morgenhimmel schon wieder auf. Zu finden ist der Bootes vor dem Großen Wagen. Verlängert man den Deichselschwung des Wagens, trifft man auf Arktur. Die Spitze des „Kinderdrachens" steigt, bei Arktur beginnend, in Richtung der Deichselspitze auf.

> **Wissenswertes** Arktur ist ein Roter Riesenstern, 37 Lichtjahre von uns entfernt. Obwohl seine Masse die der Sonne nur leicht übertreffen dürfte, ist er 25-mal so groß und strahlt über 100-mal so hell wie die Sonne. Arktur steht am Ende seines langen Lebens, seine Gashülle hat sich bereits mächtig ausgedehnt. Ein Vorgang, der auch unserer Sonne bevorsteht. Arktur dürfte doppelt so alt sein wie unser Sonnensystem, und möglicherweise ist dieser Stern das älteste für das bloße Auge sichtbare Objekt – maximal acht Milliarden Jahre alt! Arktur zeigt eine relativ große Eigenbewegung. In tausenden von Jahren werden sich die uns heute bekannten Sternbilder auflösen.

Frühlingsdreieck

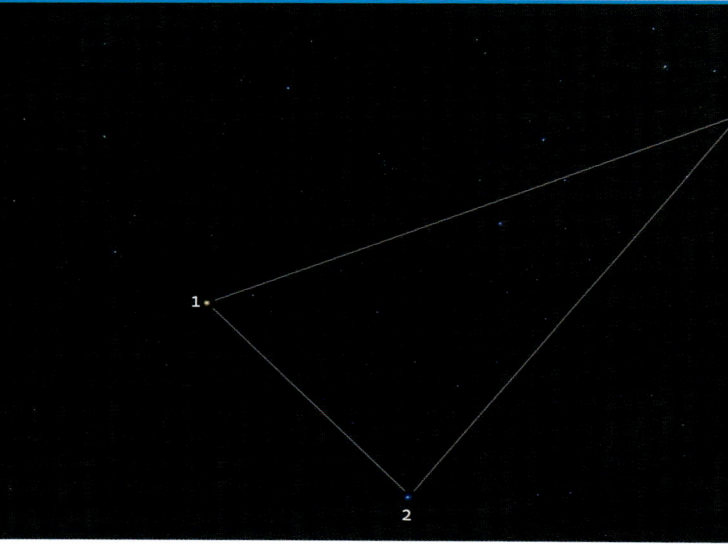

Im Lenz prägen die hellen Sterne Arktur (1) im Bootes, Spika (2) in der Jungfrau und Regulus (3) im Löwen den Nachthimmel.

> **Merkmale** Der Sternenhimmel im Frühling besteht überwiegend aus nur mittelhellen Sternen. Da erscheint die Idee naheliegend, die Hauptsterne der typischen Frühlingssternbilder Löwe, Jungfrau und Bootes zu einem Dreieck zu verbinden, ähnlich wie es beim Sommerdreieck (s. rechte Seite) der Fall ist.

> **Vorkommen** Die bequemste Zeit für die Beobachtung des Frühlingsdreiecks ist natürlich das Frühjahr von März bis Mai, dann steht es um Mitternacht hoch im Süden – im März noch ein wenig nach Osten, im Mai bereits ein gutes Stück nach Westen verschoben. Erste Sichtbarkeitschancen am frühen, östlichen Morgenhimmel kurz vor der einsetzenden Morgendämmerung bestehen schon im November, die letzte Gelegenheit abends in westlicher Richtung ist im Juni, wobei sich Regulus dem Horizont dann schon bedrohlich nähert.

> **Wissenswertes** Gleich zwei Sterne des Frühlingsdreiecks finden sich in der Liste der 20 hellsten Sterne. Der erste ist Arktur im Sternbild Bootes, der auf dieser Liste Rang vier belegt und gleichzeitig der hellste Stern der gesamten nördlichen Himmelssphäre ist. Der zweite ist Spika in der Jungfrau auf Platz 16 der hellsten Sterne. Regulus verfehlt einen Platz auf dieser Liste knapp, er landet nur auf Rang 22. Aufmerksame Beobachter werden einen Farbunterschied der drei Protagonisten registrieren: Dem orangefarbenen Arktur stehen Spika und Regulus gegenüber, die leicht bläulich scheinen. Die Farben weisen auf die Temperaturen der Sterne hin: Arktur ist ein kühler, Regulus und Spika sind heiße Sterne.

Sommerdreieck

*Den sommerlichen Nachthimmel beherrscht das Sommer-
dreieck, gebildet aus den Hauptsternen dreier Sternbilder.*

> **Merkmale** Wega (1) im Sternbild
Leier, Deneb (2) im Schwan und
Atair (3) im Adler formen ein großes
und einprägsames Sternendreieck.
Alle drei Sterne sind so hell, dass sie
selbst dann noch zu sehen sind,
wenn Wolkenschleier oder Lichtverschmutzung viele der schwä-
cheren Sterne verschlucken. Mitten
durch das Sommerdreieck zieht
sich das Band der Milchstraße.
> **Vorkommen** Am Morgenhimmel
kann das Sommerdreieck bereits ab
Februar ausgemacht werden, am
Abendhimmel bis zum Januar, d. h.
faktisch ist es ganzjährig zu sehen.
Grund ist die nördliche Position von
Deneb und Wega, von denen zumindest Deneb in Deutschland zirkumpolar ist, während Wega diesen
Status nur knapp verfehlt. Lediglich
Atair steht weiter südlich und ver-
bringt eine geraume Zeit unterhalb

des Horizonts. Sowohl Deneb als
auch Wega erreichen ihre Höchst-
stellung unweit des Zenits.
> **Wissenswertes** Die drei Akteure
des Sommerdreiecks findet man auf
der Liste der 20 hellsten Sterne.
Allen voran Wega auf Platz 5, gefolgt von Atair (Rang 12) und Deneb
(Rang 19). Wega ist nur etwa 25
Lichtjahre entfernt, gehört damit
zu den Nachbarsternen der Sonne
und ist ein noch relativ junger
Stern. Deneb ist der Schwanzstern
im Schwan, dem „Kreuz des Nor-
dens". Dessen Kopfstern, Albireo (4),
ist ein schöner Doppelstern mit farbigen Komponenten, die schon im
Fernglas zu sehen sind. Atair bildet
den Kopf des Adlers in knapp
17 Lichtjahren Entfernung. Es lohnt
sich, die Milchstraße im Bereich des
Sommerdreiecks nach Sternhaufen
und Nebeln zu durchstöbern.

Wintersechseck

Der winterliche Sternenhimmel ist auffallend reich an hellen Sternen. Sechs davon bilden das Wintersechseck.

> **Merkmale** Das Wintersechseck ist ein sehr großes und regelmäßiges Sechseck, das sechs Sternbilder miteinander verbindet. Etwas willkürlich erscheint dabei, dass in den Zwillingen nur Pollux eine Ecke bildet und der nahe Kastor keine Berücksichtigung findet.

> **Vorkommen** Die Monate Januar und Februar erlauben die Beobachtung des Wintersechsecks am Abendhimmel. Während im Januar noch bis Mitternacht zu warten ist, bis es im Süden seine Höchststellung einnimmt, kann es Ende Februar schon nach Einbruch der Dunkelheit bewundert werden. Erste Sichtbarkeitschancen ergeben sich ab Mitte September am Morgenhimmel in östlicher Richtung. Im Frühjahr verschlechtern sich die Bedingungen durch die nach Osten voranschreitende Sonne und die

immer späteren Sonnenuntergänge drastisch. Im Laufe des Monats April verschwinden die ersten Sterne des Wintersechsecks – Rigel und Sirius – bereits in der Abenddämmerung im Westen.

> **Wissenswertes** Folgende Sterne bilden das Wintersechseck: An der oberen Spitze thront die helle Kapella im Fuhrmann (1), dann folgen im Uhrzeigersinn Aldebaran im Stier, Rigel im Orion, Sirius im Großen Hund, Prokyon im Kleinen Hund und Pollux in den Zwillingen. Mitten durch das Wintersechseck zieht sich die Milchstraße, die in dieser Region nur mäßig hell ist. Beteigeuze im Orion wird vom Wintersechseck eingeschlossen, ebenso zeitweise einer oder mehrere der hellen Planeten, denn die Ekliptik verläuft durch die Tierkreissternbilder Stier und Zwillinge.

Sternbild Fuhrmann

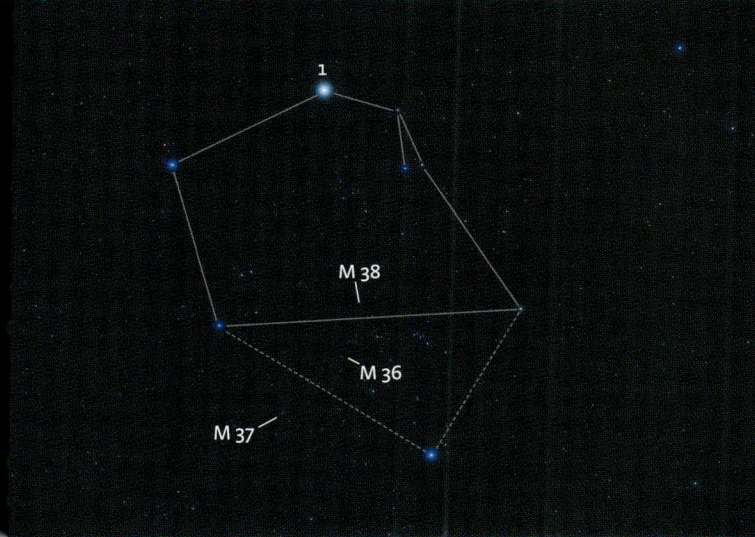

1

M 38

M 36

M 37

Der hellste Stern im Fuhrmann, die Kapella (1), ist bekannter als das Sternbild, dem sie angehört.

› Merkmale Der Fuhrmann ist ein einprägsames Sternbild aus durchweg helleren Sternen, von denen der Hauptstern Kapella mit Abstand der hellste ist. Zu finden ist der Fuhrmann oberhalb der Zwillinge und des Stiers.

› Vorkommen Der Fuhrmann ist ein Sternbild des Winterhimmels. Im Januar steht er am frühen Abendhimmel fast genau senkrecht über unseren Köpfen. Aufgrund seiner nördlichen Stellung taucht der Fuhrmann schon ab August am nordöstlichen Morgenhimmel auf und verabschiedet sich erst im Mai im Nordwesten. Kapella ist in Deutschland zirkumpolar, geht also niemals unter, auch wenn sie während ihres Tiefststandes im Norden nur knapp über dem Horizont steht.

› Wissenswertes Die gelbliche Kapella ist der sechsthellste Stern am

Firmament und muss sich am Nordsternhimmel nur Arktur im Bootes und Wega in der Leier geschlagen geben. Kapella ist ein Mehrfach-Sternsystem aus vier Komponenten, die sich allerdings der direkten Beobachtung entziehen. Der Stern ist 42 Lichtjahre von der Sonne entfernt und steht uns damit relativ nahe. Ursprünglich stellt das Sternbild einen Hirten dar, der eine Ziege mit sich trägt. Kapella bedeutet übersetzt „Kleine Ziege"; dabei soll es sich um die Ziege Amaltheia handeln, die den Gott Zeus auf Kreta genährt haben soll.

Fernglastipp
Im Fuhrmann befinden sich mehrere Sternhaufen, allen voran Messier 36, 37 und 38.

Die Kassiopeia ist auch als „Himmels-W" bekannt, das je nach Stellung am Himmel auch ein „M" sein kann.

> **Merkmale** Die Kassiopeia besteht aus fünf mittelhellen Sternen, die wie der Buchstabe W angeordnet sind. Das Sternbild ist ungefähr so groß wie der Kasten des Großen Wagens und aufgrund dieser Kompaktheit leicht zu erkennen. Die mittlere Spitze des W zeigt in Richtung Polarstern.

> **Vorkommen** In Deutschland ist das Sternbild Kassiopeia zirkumpolar und somit in jeder klaren Nacht zu finden; hoch am Himmel findet man es in den Herbst- und Wintermonaten. Stets nimmt die Kassiopeia eine Stellung gegenüber des Großen Wagens ein, wenn man den Polarstern als Ruhepunkt betrachtet. Um 22 Uhr abends findet man das Sternbild im Mai unterhalb, im August rechts, im November oberhalb und im Februar links des Himmelspols.

> **Wissenswertes** Seinen Platz hat das Sternbild inmitten der Milchstraße, umgeben von den Sternbildern Kepheus, Andromeda und Perseus. Die Sage berichtet, Kassiopeia sei die Gemahlin von Kepheus und Mutter der Andromeda, die einem Seeungeheuer geopfert werden sollte, was Perseus heldenhaft zu verhindern wusste. Der Astronom Tycho Brahe entdeckte am Abend des 11. November 1572 einen neuen Stern im Sternbild Kassiopeia, der so hell wie die Venus strahlte und im Laufe der folgenden Tage wieder verblasste – eine Supernova.

Fernglastipp
Für das Fernglas gibt es mehrere offene Sternhaufen in der Kassiopeia.

Sternbild Pegasus

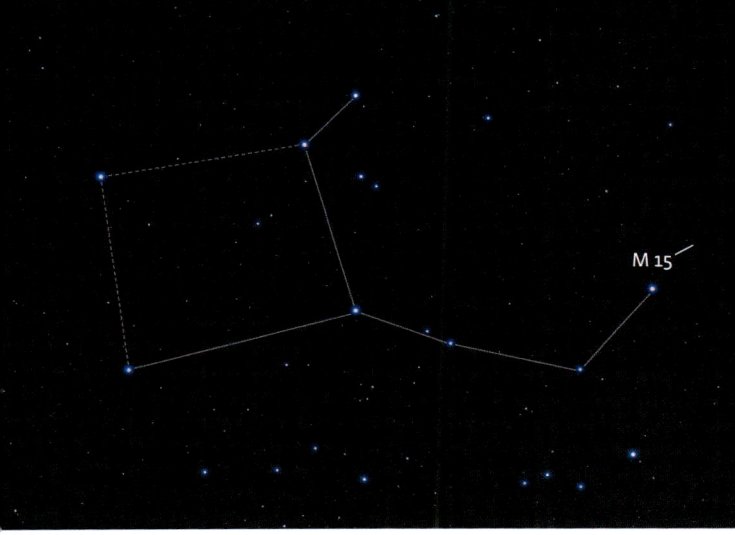

M 15

Der Pegasus ist auch als „Herbstviereck" bekannt. Mit auffällig hellen Sternen kann er aber nicht glänzen.

> Merkmale Den Rumpf des Sternbildes bildet ein gleichmäßiges Rechteck aus mittelhellen Sternen. Daran schließen sich Sternenketten nach Westen an, die gemeinsam die vordere Hälfte eines geflügelten Pferds darstellen sollen, das zudem auf dem Kopf steht.

> Vorkommen Der Pegasus dominiert den herbstlichen Sternenhimmel. Im September steht er zu Mitternacht hoch im Süden. Dann ist das auffällige Viereck kaum zu übersehen, denn es ist so groß, dass der Kleine Wagen bequem darin Platz hätte. Nach Osten schließt sich die Sternenkette der Andromeda an, in westlicher Richtung steht das Sommerdreieck. Erste Chancen, den Pegasus am Morgenhimmel zu sehen, ergeben sich ab Juni. Letztmalig wird man das Sternbild an Februar-Abenden sehen können.

> Wissenswertes Der nordöstliche Stern des Herbstvierecks, der auf den Namen Sirrah hört, zählt streng genommen gar nicht zum Pegasus, sondern zur Andromeda. Der nordwestliche Eckstern, Scheat, hingegen verändert seine Helligkeit, was auch mit dem bloßen Auge erkennbar ist, wenn man ihn regelmäßig beobachtet. In Intervallen von 41 Tagen schwankt seine Helligkeit um mehr als das Anderthalbfache. Scheat ist ein kühler Stern in 200 Lichtjahren Entfernung, dessen rote Farbe man gut im Fernglas sehen kann.

Fernglastipp
Mit dem Fernglas kann der kleine Kugelsternhaufen Messier 15 aufgestöbert werden.

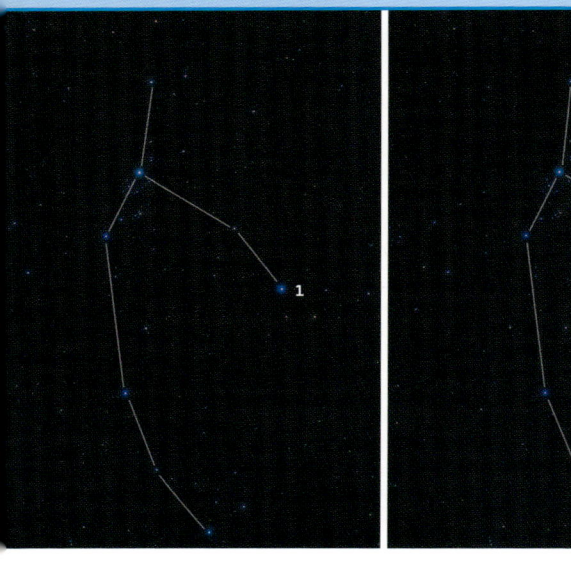

Einige Sterne ändern ihre Helligkeit in regelmäßigen oder unregelmäßigen Abständen. Gründe dafür gibt es mehrere.

> **Merkmale** Zeigt ein Stern innerhalb kosmisch kurzer Zeiträume Helligkeitsschwankungen, wird er als „Veränderlicher Stern" eingestuft. Das können Tage, Jahre oder gar Jahrhunderte sein. Auch der Betrag, um den die Helligkeit schwanken kann, ist verschieden.

> **Vorkommen** Schon mit dem bloßem Auge oder einem Fernglas kann eine große Zahl veränderlicher Sterne beobachtet werden, richtig auffällig ist der Lichtwechsel hingegen nur bei wenigen. In jedem Fall sind systematische Beobachtungen nötig, bei denen Helligkeitsvergleiche mit anderen Sternen der Umgebung anzustellen sind.

> **Wissenswertes** Helligkeitsveränderungen von Sternen können unterschiedliche Ursachen haben. Bei manchen umkreisen sich zwei verschieden helle Komponenten eines engen Doppelsternsystems und bedecken sich immer wieder gegenseitig. Ein Paradebeispiel dafür ist Algol (1) im Sternbild Perseus, dessen Helligkeit auf ein Drittel sinkt, wenn nach jeweils 2 Tagen, 20 Stunden und rund 50 Minuten die Sternbedeckung stattfindet. Andere Veränderliche pulsieren zyklisch oder zeigen unregelmäßige Helligkeitsausbrüche durch Eruptionen. Mira im Sternbild Walfisch ist der prominenteste Vertreter für pulsierende Sterne. Sein Name bedeutet so viel wie „der Wundersame", weil man früher an eine unerschütterliche Konstanz der Sterne glaubte. Mira zeigt etwa alle 331 Tage ein Helligkeitsmaximum, dann leuchtet er so hell wie der Polarstern. Minimal erreicht er nur noch die neunte Größenklasse und ist dann nur im Teleskop zu sehen.

Doppelstern

Viele Sterne sind keine Einzelgänger, wie unsere Sonne, sondern haben einen oder mehrere Partner.

> Merkmale Stehen zwei oder mehrere Sterne am Himmel in enger Distanz, handelt es sich um einen Doppel- oder Mehrfachstern. Meist stehen sie so eng zusammen, dass man sie nur mit optischen Hilfsmitteln voneinander trennen kann. Besonders attraktive Doppelsterne lassen einen Farbunterschied ihrer Komponenten erkennen.

> Vorkommen In unserer Milchstraße ist jeder zweite Stern ein Doppel- oder Mehrfachstern. Allerdings können die meisten davon mit dem bloßen Auge oder einem Fernglas nicht als solche identifiziert werden. Doch es bleibt eine stattliche Zahl leicht zu beobachtender Doppelsterne übrig. Etwa das Sternenpaar Mizar und Alkor im Großen Wagen (s. Seite 121), Albireo im Schwan (oben und Seite 127) und Dabih im Steinbock (s. Seite 118).

> Wissenswertes Als Doppelstern im eigentlichen Sinn sind nur solche Sterne zu bezeichnen, deren Komponenten gravitativ aneinander gebunden sind, also um einen gemeinsamen Schwerpunkt kreisen. Sie nennt man physische Doppelsterne, auch wenn die Drehbewegung umeinander erst im Laufe vieler Jahre bis Jahrhunderte offensichtlich wird. Davon unterschieden werden die optischen Doppelsterne, die nur zufällig auf der gleichen Visierlinie liegen, in Wahrheit aber weit voneinander getrennt sind und nicht zusammengehören.

Fernglastipp
Die oben genannten Doppelsterne sind im Fernglas leicht zu sehen.

Neue Sterne entstehen in Gruppen. Anfangs bilden sie offene Sternhaufen, bevor jeder der Sterne seiner Wege zieht.

> Merkmale Offene Sternhaufen können aus zwanzig, aber auch einigen Tausend Sternen bestehen. Je nach Helligkeit, Entfernung und Ausdehnung lassen sie sich mit dem bloßen Auge als Sternhaufen erkennen oder erscheinen nur als nebliger Fleck. Etliche davon offenbaren im Fernglas ihre ganze Pracht.

> Vorkommen Offene Sternhaufen werden auch als galaktische Sternhaufen bezeichnet, weil sie als ehemalige Sternentstehungsgebiete in den Spiralarmen der Galaxis gehäuft auftreten. Man findet sie daher meist im Band der Milchstraße. Die schönsten Exemplare sind die Plejaden und Hyaden im Stier (s. Seite 110), die Krippe im Krebs (s. Seite 112) und der Doppelsternhaufen „h und Chi" im Perseus, unweit der Kassiopeia (s. Seite 148). Mit einem Fernglas bewaffnete

Beobachter können Messier 35 in den Zwillingen (s. Seite 111) und Messier 11 im Sternbild Schild (s. Seite 144) ins Visier nehmen.

> Wissenswertes Sterne entstehen in riesigen Wolken aus Gas und Staub, meist relativ zeitgleich und in großer Zahl. Haben die Atomfeuer der ersten Sterne gezündet, geht von ihnen ein Strahlungsdruck aus, der das verbliebene Material regelrecht wegbläst. Bei manchen Sternhaufen können diese Reste noch beobachtet werden, wenn der Sternhaufen in einen Nebel (s. Seite 137) eingebettet ist. Andere sehen wir in einem späteren Stadium, nachdem die Gaswolke bereits verschwunden ist. Innerhalb unserer Galaxis sind etwa 1000 offene Sternhaufen bekannt. Einige Millionen Jahre nach ihrer Entstehung lösen sich offene Sternhaufen auf.

Kugelsternhaufen

Die Sterne in Kugelsternhaufen stehen sehr viel dichter. Im Fernglas ist davon nur ein Nebelfleck zu sehen.

> Merkmale Unsere Milchstraße enthält etwa 150 Kugelsternhaufen. Sie sind alle so weit von uns entfernt, dass nur wenige mit dem bloßen Auge erkennbar sind. Und selbst im Fernglas gelingt es nicht, die einzelnen Sterne zu sehen. Stattdessen nimmt man nur ein rundliches Nebelfleckchen wahr.

> Vorkommen Die beiden größten und hellsten Kugelsternhaufen am Himmel sind von Mitteleuropa aus nicht zu beobachten, da sie zu weit südlich stehen: Omega Centauri und 47 Tucanae heißen die beiden in den Sternbildern Zentaur und Tukan lokalisierten Objekte. Für uns sehenswerte Beispiele sind Messier 13 im Sternbild Herkules (s. Seite 143), Messier 15 im Pegasus (s. Seite 146) und Messier 4 im Skorpion (s. Seite 116). Da die Kugelsternhaufen wie ein Schwarm Mücken um das Zentrum unserer Galaxis schwirren, ist bei ihnen eine Konzentration im Bereich der Milchstraße kaum zu erkennen.

> Wissenswertes Viele Fragen warten noch auf Antworten, etwa die nach ihrer Entstehungsgeschichte. Zweifellos sind es sehr alte Objekte, deren Ursprung bis zur Bildungsphase der Milchstraße selbst zurückreichen dürfte. Möglicherweise wirkt es für die Sterne in Kugelhaufen lebensverlängernd, wenn sie durch die Nähe zu anderen Sternen aufgrund der Schwerkraft „durchgeknetet" werden. Der Kugelsternhaufen Messier 13 besteht aus mehr als 100.000 Sternen, die auf einem Raum mit nur 150 Lichtjahren Durchmesser zusammengepfercht sind. Im Zentrum würde ein Würfel mit drei Lichtjahren Kantenlänge 100 Sterne enthalten.

Außer unserer Heimatgalaxie, der Milchstraße, sind viele weitere Galaxien am Himmel sichtbar.

> **Merkmale** Galaxien sind die am weitesten entfernten Objekte, die man mit dem bloßen Auge oder dem Fernglas sehen kann. Sie sind Millionen von Lichtjahren weit weg, so dass sie nur als nebelhaftes Fleckchen erscheinen.

> **Vorkommen** Die Zahl der Galaxien ist riesig, aber nur einige davon sind lohnende Beobachtungsobjekte für das bloße Auge oder ein Fernglas. Zuvorderst die Andromeda-Galaxie im gleichnamigen Sternbild, die schon ohne optische Hilfsmittel als „Andromeda-Nebel" im Herbst hoch am Himmel zu sehen. Das Sternbild Andromeda liegt zwischen der Kassiopeia und den Fischen (s. Seite 147). Weitere, einigermaßen helle Galaxien finden sich in den Sternbildern Großer Bär (s. Seite 121) Dreieck (s. Seite 148), Löwe (s. Seite 141) und Jungfrau (s. Seite 114).

> **Wissenswertes** Es ist noch keine hundert Jahre her, als man glaubte, unsere Milchstraße sei die einzige Galaxie im Weltall. Mittlerweile geht die Zahl der bekannten Galaxien in die Milliarden. Unsere Milchstraße setzt sich aus rund 200 Milliarden Sternen zusammen, von denen einer unsere Sonne ist. Sie sind in einem diskusförmigen Gebilde organisiert, dessen Durchmesser 100.000 Lichtjahre beträgt. Noch gewaltiger ist die Andromeda-Galaxie, der unmittelbare Nachbar der Milchstraße. Wer sie am Himmel erspäht, sollte sich bewusst machen, dass er Licht wahrnimmt, welches vor 2,5 Millionen Jahren auf die Reise ging. Also zu einer Zeit, als auf der Erde die Gattung „Homo" im Entstehen war, an den ersten „Homo sapiens" aber noch nicht zu denken war.

Galaktische Nebel

Weltraumnebel sind mit irdischen nicht zu vergleichen, denn sie bestehen nicht aus Wasserdampf, sondern aus Gas und Staub.

› Merkmale Galaktische Nebel können sich hell gegen den dunklen Himmel absetzen, aber auch als dunkle Silhouette vor einem hellen Hintergrund. Es sind ausgedehnte Dunkelnebel, die im Band der Milchstraße am besten mit dem bloßen Auge zu erkennen sind. Für hell leuchtende Nebel verwendet man besser ein Fernglas.

› Vorkommen Nebel treten konzentriert in den Spiralarmen unserer Galaxis auf, finden sich am Himmel also im Band der Milchstraße. Die beste Zeit ist im Sommer gekommen, wenn die Milchstraße am Himmel von Norden über den Zenit bis nach Süden zieht. Im Bereich des Sternbildes Adler zeigt die Milchstraße einen deutlichen Einschnitt, der durch eine gewaltige Wolke aus Staub zustande kommt, die das Licht von dahinter liegenden Sternen abschwächt. Nördlich von Deneb im Schwan scheint die Milchstraße ein rundliches „Loch" zu haben, das auch als „nördlicher Kohlensack" bezeichnet wird. Das Paradeobjekt für helle Gasnebel ist der Orion-Nebel (s. Seite 123), ein zweites Beispiel ist der Lagunennebel (s. Seite 117) im Schützen.

› Wissenswertes Helle Nebel können aus Gas oder Staub bestehen. Beim Gas handelt es sich um Wasserstoff, der durch das UV-Licht heißer Sterne zum Eigenleuchten angeregt wird. Auf Fotografien zeigt sich eine charakteristische Rotfärbung solcher „Emissionsnebel". Ist Staub die Grundlage, leuchtet dieser nicht selbst, sondern reflektiert allenfalls das Licht von Sternen. Dabei nehmen die Nebel die Eigenfarbe der jeweiligen Sterne an, meist blau, manchmal gelb bis orange.

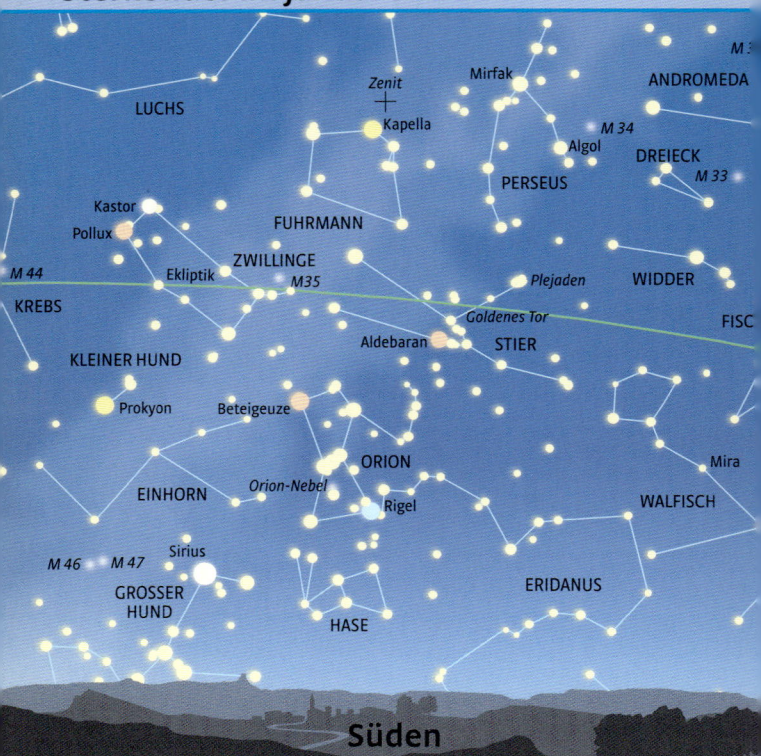

Zenit

Mirfak — ANDROMEDA — M 3

LUCHS — Kapella — M 34 — Algol — DREIECK — M 33

PERSEUS

Kastor — FUHRMANN

Pollux — ZWILLINGE — Plejaden — WIDDER

M 44 — Ekliptik — M35 — Goldenes Tor — FISC

KREBS — Aldebaran — STIER

KLEINER HUND

Prokyon — Beteigeuze — Mira

ORION — WALFISCH

EINHORN — Orion-Nebel — Rigel

M 46 — M 47 — Sirius — ERIDANUS

GROSSER HUND — HASE

Süden

> **Sternenhimmel** Der Wintersternhimmel präsentiert sich in seiner größten Pracht. Hoch im Süden thront der auffällige Orion, über seinem Haupt die Zwillinge, der Fuhrmann und der Stier. Links des Orion ist der Kleine Hund zu finden, unterhalb davon der Große Hund mit dem hellsten aller Sterne, dem Sirius. Zu den Füßen des Orion kauert das unscheinbare Sternbild Hase. Das Einhorn ist aufgrund seiner lichtschwachen Sterne nur schwer auszumachen. Die Milchstraße ragt steil empor, erreicht am Winterhimmel aber nur eine geringe Helligkeit.

> **Tierkreissternbilder** Die Ekliptik zieht ihre Bahn durch den Stier und den südlichen Teil der Zwillinge. Im Grenzbereich dieser beiden Tierkreissternbilder nimmt die Sonne am Sommeranfang ihre Position ein und erreicht damit den Höchststand. Stehen im Winter Planeten dort, erreichen auch sie eine beträchtliche Höhe am Himmel.

Fernglastipp
Unterhalb der drei Gürtelsterne im Orion ist der Große Orion-Nebel leicht zu finden.

Sternbilder im Februar um 22 Uhr

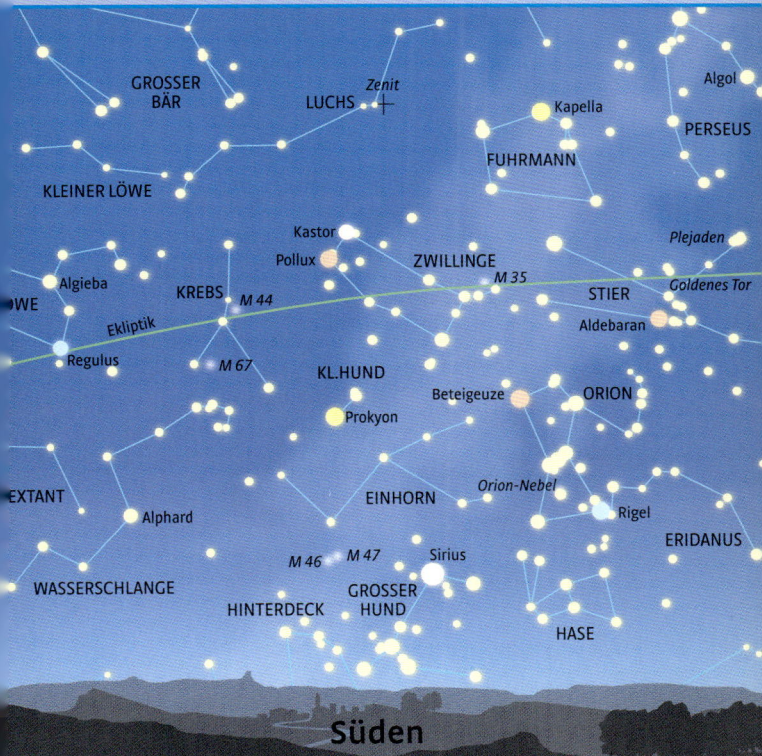

GROSSER BÄR
LUCHS
Zenit
Algol
Kapella
PERSEUS
FUHRMANN
KLEINER LÖWE
Kastor
Plejaden
Pollux
ZWILLINGE
M 35
Algieba
KREBS
M 44
STIER
Goldenes Tor
WE
Ekliptik
Aldebaran
Regulus
M 67
KL.HUND
Beteigeuze
ORION
Prokyon
EXTANT
Alphard
EINHORN
Orion-Nebel
Rigel
ERIDANUS
M 46
M 47
Sirius
WASSERSCHLANGE
HINTERDECK
GROSSER HUND
HASE
Orion-Nebel

Süden

> **Sternenhimmel** Im Vergleich zum Januar rückt der Wintersternhimmel bereits etwas nach rechts und schafft so Raum für das zaghafte Erscheinen der ersten Frühlingssternbilder. Doch noch dominiert das „Wintersechseck", gebildet aus auffallend hellen Sternen des Winterhimmels, das nächtliche Firmament. Sirius steht fast genau im Süden und erreicht seine höchste Stellung am Himmel. Die Milchstraße verläuft steil von Süd nach Nord. Vorboten des Frühlings sind der Krebs und der Kopf der Wasserschlange.

> **Tierkreissternbilder** Die scheinbare Sonnenbahn läuft vom Stier durch die Zwillinge und den Krebs und nimmt am Himmel noch immer eine hohe Position ein. Der Krebs ist mit seinen lichtschwachen Sternen kein markantes Tierkreissternbild. Daher ist eine Verwechslungsgefahr mit Sternen ausgeschlossen, wenn sich ein heller Planet im Krebs aufhält.

Fernglastipp
Bei guter Horizontsicht sind links von Sirius die benachbarten Sternhaufen M 46 und M 47 auszumachen.

139

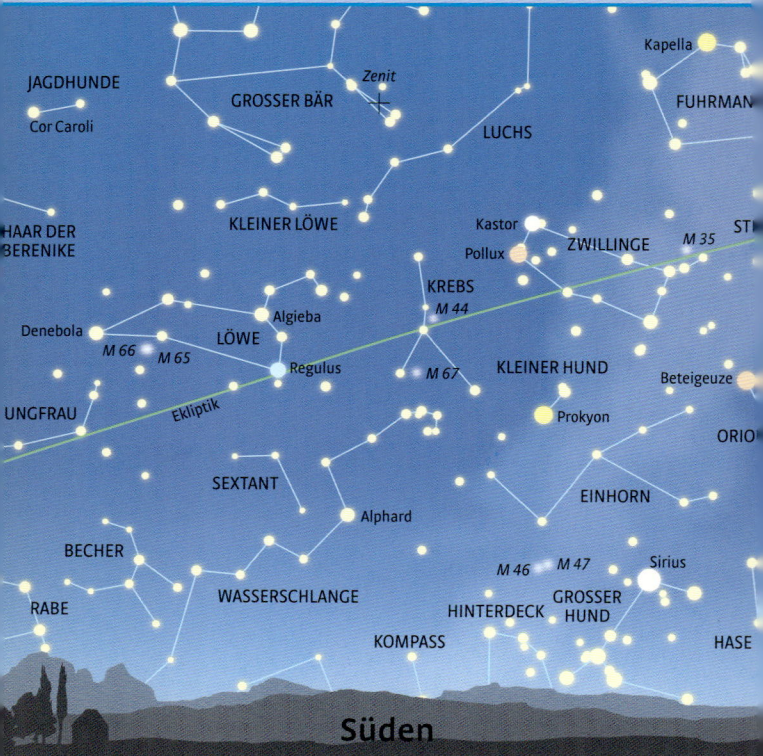

JAGDHUNDE
Cor Caroli
GROSSER BÄR
Zenit
Kapella
FUHRMAN
LUCHS
HAAR DER BERENICE
KLEINER LÖWE
Kastor
Pollux
ZWILLINGE
M 35
ST
KREBS
M 44
Denebola
Algieba
LÖWE
M 66 M 65
Regulus
M 67
KLEINER HUND
Beteigeuze
UNGFRAU
Ekliptik
Prokyon
ORIO
SEXTANT
EINHORN
Alphard
BECHER
RABE
WASSERSCHLANGE
M 46 M 47
Sirius
HINTERDECK
GROSSER HUND
KOMPASS
HASE

Süden

> **Sternenhimmel** Die Himmels-
bühne ist weitgehend freigeräumt
für die Sternbilder des Frühlings,
die Winterzeichen haben sich in
den westlichen Teil der Himmelssphäre zurückgezogen – mit ihnen
auch die Milchstraße. Der Sternenhimmel im Frühjahr kann nicht mit
vielen hellen Sternen aufwarten.
Immerhin gesellt sich zum un-
scheinbaren Krebs nun der Löwe
mit dem Hauptstern Regulus. Über
ihm, nur schwer auszumachen,
liegt der Kleine Löwe. Unter der
Großkatze schlängelt sich die Was-
serschlage, und schwer zu finden ist
der lichtschwache Sextant.

> **Tierkreissternbilder** Vom Krebs
zum Löwen fällt die Ekliptik steil ab.
Sonne, Mond und Planeten bewegen sich mit unterschiedlicher Geschwindigkeit von rechts nach links
entlang der Ekliptik, also in Richtung Osten. Nur zu bestimmten
Zeiten kehren die Planeten ihre Be-
wegungsrichtung um.

Fernglastipp
Mit dem Fernglas sollte man
nicht versäumen, den offenen
Sternhaufen M 44 im Krebs, die
„Krippe" genannt, aufzustöbern.

Mizar

Zenit

GROSSER BÄR

LUCHS

JAGDHUNDE

Cor Caroli

Kastor

Pollux

BOOTES

M 3

KLEINER LÖWE

ZWILLINGE

HAAR DER BERENIKE

M 44

KREBS

Arktur

Algieba

M 67

KL. HUND

Denebola

LÖWE

Prokyon

M 66 M 65

Regulus

JUNGFRAU

Ekliptik

Porrima

SEXTANT

EINHORN

Spika

RABE BECHER

Alphard

M 4

WASSERSCHLANGE

HINTERDECK

LUFTPUMPE

WASSERSCHLANGE

Süden

> **Sternenhimmel** Die Frühlingssternbilder dominieren den Nachthimmel, allen voran der Löwe, der im Süden in beachtlicher Höhe kulminiert. Links unterhalb davon taucht die Jungfrau mit ihrem hellen Hauptstern Spika auf. Eine Herausforderung ist es, links oberhalb des Löwen das Sternbild Haar der Berenike zu identifizieren. Bedeutend einfacher ist die Sichtung der Sternbilder Becher und Raabe. Die Milchstraße verläuft horizontnah im Westen und spielt keine große Rolle.

> **Tierkreissternbilder** Die Ekliptik setzt ihren Abstieg fort und zieht vom Löwen in die Jungfrau. Dabei streift sie haarscharf an Regulus, dem Hauptstern im Löwen vorbei. Einmal pro Monat kommt es zu einer mehr oder weniger engen Begegnung des Mondes mit Regulus, selten sogar zu einer Bedeckung. Auch die hellen Planeten bilden zeitweise mit Regulus ein sehenswertes Duo.

Fernglastipp
Im Löwen können Sie nach den Galaxien M 65 und M 66 Ausschau halten, die als kleine neblige Flecken erkennbar sind.

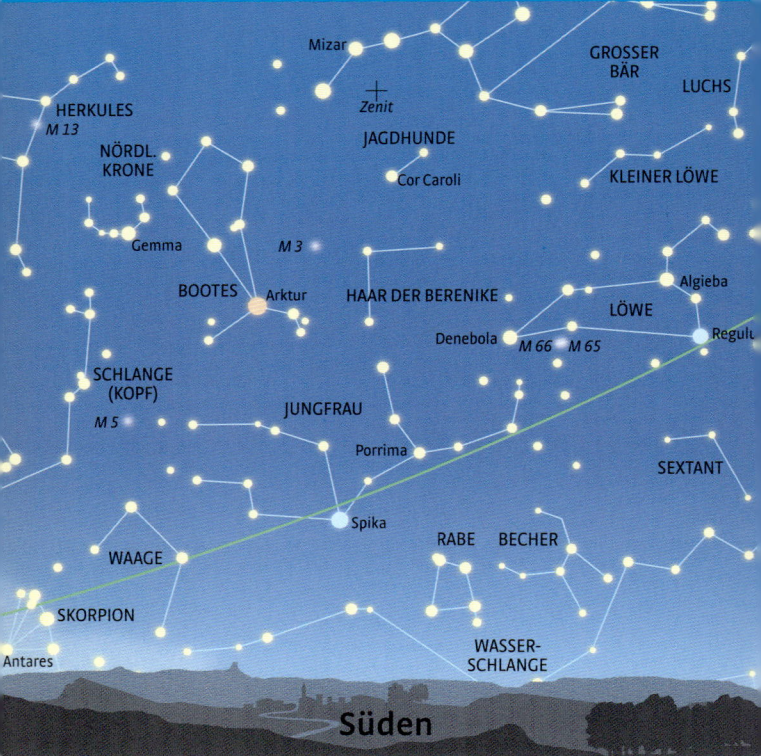

Mizar

GROSSER BÄR

LUCHS

HERKULES
M 13

Zenit

NÖRDL. KRONE

JAGDHUNDE

KLEINER LÖWE

Cor Caroli

Gemma

M 3

Algieba

BOOTES   Arktur

HAAR DER BERENIKE

LÖWE

Denebola   M 66   M 65   Regul

SCHLANGE (KOPF)

JUNGFRAU

M 5

Porrima

SEXTANT

SCHLANGE
(KOPF)

Spika

RABE   BECHER

WAAGE

SKORPION

Antares

WASSER-
SCHLANGE

Süden

> **Sternenhimmel** Noch immer bestimmt der Frühlingssternhimmel das Geschehen. In den Mittelpunkt rückt im Mai die Jungfrau, deren Hauptstern Spika nun im Süden kulminiert. Spätestens im Wonnemonat zieht aber auch der leuchtkräftige Arktur die Blicke auf sich, der Hauptstern im Bootes. Er dominiert den Himmel oberhalb und ein bisschen links von Spika. Verlängert man den „Schwung" der Deichsel des Großen Wagens, trifft man erst auf Arktur und dann auf Spika. Die Milchstraße ist nicht beobachtbar.
> **Tierkreissternbilder** Der absteigende Trend der Ekliptik setzt sich

in der Jungfrau fort – hier trifft sie auf den Himmelsäquator. Die Kreuzungsstelle wird „Herbstpunkt" genannt, weil die Sonne dort zum Herbstanfang weilt, wenn Tagundnachtgleiche herrscht. Am Herbstpunkt wechselt die Ekliptik von der nördlichen auf die südliche Hälfte der Himmelskugel.

Fernglastipp
Der Kugelsternhaufen M 3 in der Nähe von Arktur ist im Fernglas als verwaschener Lichtfleck zu sehen.

142

DRACHE

Mizar

GROSSER BÄR

Wega

JAGDHUNDE

HERKULES

Zenit

LEIER

Cor Caroli

M 13

NÖRDL. KRONE

BOOTES

HAAR DER BERENIKE

M 3

LÖWE

Gemma

Denebola

Rasalhague

Arktur

SCHLANGE

JUNGFRAU

M 5

Porrima

SCHLANGENTRÄGER

Spika

RABE

WAAGE

WASSERSCHLANGE

Ekliptik

SKORPION

Antares

Süden

> **Sternenhimmel** Im Süden herrscht Wechselstimmung: die klassischen Frühlingszeichen rücken nach Westen vor, sind aber immer noch präsent, während sich im Osten langsam aber sicher die Sternbilder des Sommers in Position bringen. Links neben dem Bootes erfreut der Anblick der hübschen Nördlichen Krone das Auge. Unterhalb von ihr ist der Kopfbereich der Schlange zu finden, noch tiefer die Waage, die nicht einen einzigen hellen Stern aufweist. Die Milchstraße bäumt sich langsam im Osten auf, wird aber erst in den kommenden Monaten zu einer Attraktion.

> **Tierkreissternbilder** Weiter geht es bergab mit der Ekliptik, die von der Jungfrau in die Waage und dann in den Skorpion zieht. Entsprechend tief steht der Mond am Himmel, wenn er durch die Waage streift. Im Juni ist das wenige Tage vor Vollmond der Fall. Planeten, die in diesem Tierkreissternbild stehen, ergeht es nicht besser.

Fernglastipp
Der Kugelsternhaufen M 5 in der Schlange ist einen Blick mit dem Fernglas wert.

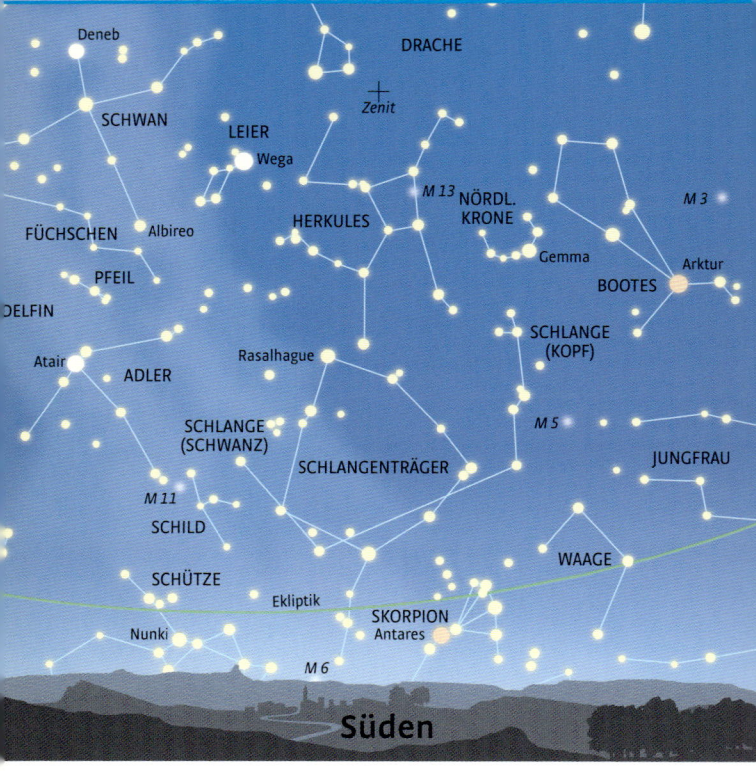

> **Sternenhimmel** Noch sind es nicht die prägenden Sternbilder des Sommersternhimmels, die das Regiment übernommen haben. „Frühsommerlich" ist eine passende Umschreibung für den Herkules hoch im Süden, nur knapp unterhalb des Zenits, den riesigen Schlangenträger und den Skorpion, von dem immer nur Teile knapp über den Horizont ragen. Mit von der Partie ist sein Hauptstern Antares, dessen helles Licht eindeutig rötlich ist. Vom Skorpion ausgehend zieht das Band der Milchstraße über die östliche Himmelhälfte bis zum Horizont im Norden.

> **Tierkreissternbilder** Die Ekliptik nähert sich ihrem Tiefpunkt am Südhimmel und erstreckt sich vom Skorpion nicht direkt in das nächste Tierkreissternbild, den Schützen, sondern macht im Schlangenträger Zwischenstation, dem aber die Anerkennung als dreizehntes Tierkreiszeichen fehlt.

Fernglastipp
Im zentralen Teil des Herkules ist mit M 13 der hellste Kugelsternhaufen der nördlichen Hemisphäre zu finden.

Sternbilder im August um 22 Uhr (23 Uhr Sommerzeit)

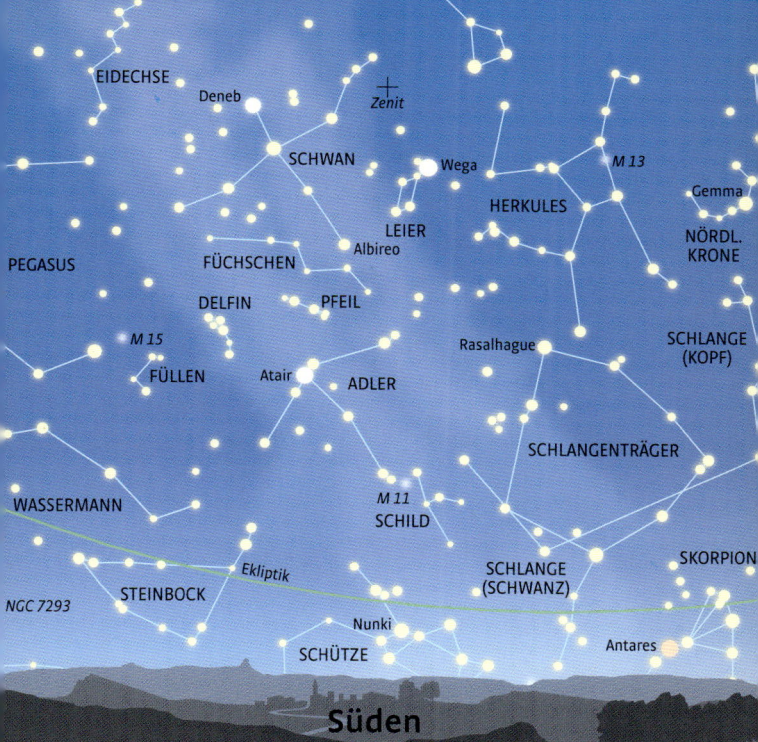

EIDECHSE
Deneb
Zenit
SCHWAN
Wega
M 13
Gemma
HERKULES
NÖRDL. KRONE
LEIER
Albireo
PEGASUS
FÜCHSCHEN
DELFIN
PFEIL
SCHLANGE (KOPF)
M 15
Rasalhague
FÜLLEN
Atair
ADLER
SCHLANGENTRÄGER
WASSERMANN
M 11
SCHILD
SKORPION
Ekliptik
SCHLANGE (SCHWANZ)
NGC 7293
STEINBOCK
Nunki
Antares
SCHÜTZE

Süden

> **Sternenhimmel** Die Sternbilder des Sommers haben die Herrschaft übernommen. Hoch am Himmel bilden die Hauptsterne von Schwan, Leier und Adler, die Sterne Deneb, Wega und Atair, das Sommerdreieck, während sich tiefer der Schütze breit gemacht hat. Markant ist das kleine Sternbild Delfin, weniger hingegen das Füchschen, der Pfeil und das Schild. Nun ist die beste Zeit, die Milchstraße zu beobachten, denn ihr Band reicht vom Süden über den Zenit bis nach Norden. Im Schützen ist sie außerdem am hellsten, weil wir dort ins Zentrum unserer Heimatgalaxie blicken.

> **Tierkreissternbilder** Im Schützen befindet sich der niedrigste Punkt der Ekliptik, den die Sonne am Tag des Winteranfangs durchläuft. In den Sommermonaten Juni bis august erreicht der Mond um die Vollmondphase die gleiche Position und nimmt demnach nur eine geringe Höhe über dem Horizont ein.

Fernglastipp
Im Schützen gibt es viele Nebel, Sternhaufen und Sternwolken, die mit dem Fernglas erkundet werden wollen.

Sternbilder im September um 22 Uhr (23 Uhr Sommerzeit)

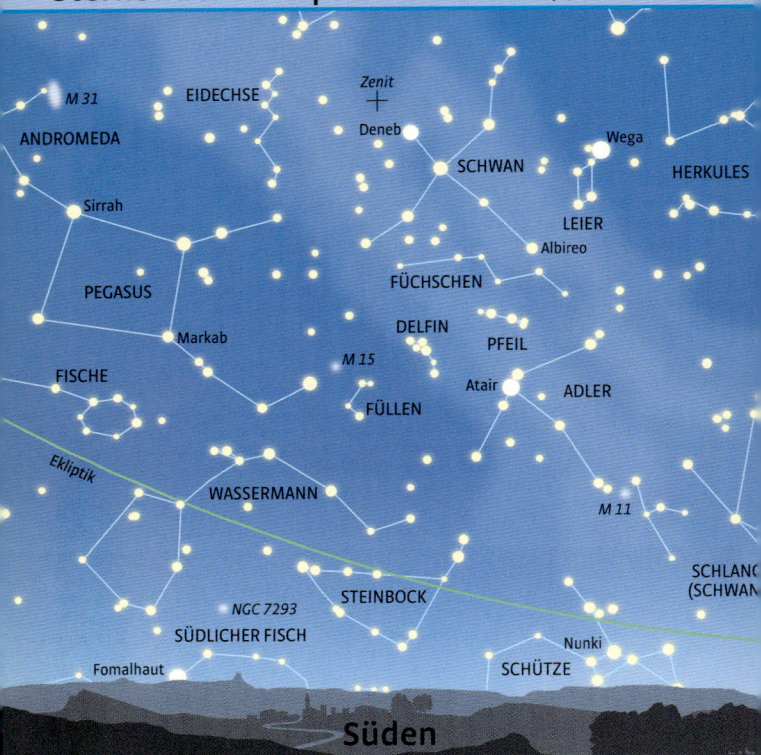

> **Sternenhimmel** Die Sommersternbilder räumen so langsam das Feld, um den Herbstzeichen Platz zu machen. Den Himmel im Westen dominieren noch die Sterne des Sommers, während im Süden der Steinbock und der Wassermann auftauchen. Hoch im Osten kündigt der Pegasus, das „Herbstviereck", die kommende Jahreszeit an. Die Sommermilchstraße ist noch prächtig zu sehen, zieht sich von Südwesten durch den Zenit hin nach Nordost. Ihre hellste Region im Schützen jedoch ist jetzt bereits unter dem Horizont verschwunden.

> **Tierkreissternbilder** Langsam gewinnt die Ekliptik wieder an Höhe, dringt vom Tierkreissternbild Schütze in den unscheinbaren Steinbock vor und zieht dann weiter in den Wassermann, der als Sternbild ebenfalls kein Prunkstück ist. Helle Planeten haben in dieser Region keine auffälligen Sterne als „Konkurrenz" zu fürchten.

Fernglastipp
Der Kugelsternhaufen M 15 im Pegasus ist im Fernglas als verwaschener Stern zu sehen.

Sternbilder im Oktober um 22 Uhr (23 Uhr Sommerzeit)

PERSEUS
Algol
M 34
Zenit
Deneb
SCHWAN
DREIECK
M 31
EIDECHSE
ANDROMEDA
M 33
Sirrah
FÜCHSCHEN
WIDDER
PEGASUS
DELFIN
PFEIL
FISCHE
Markab
M 15
Atair
FÜLLEN
ADLER
Mira
Ekliptik
WASSERMANN
WALFISCH
Diphda
NGC 7293
STEINBOCK
BILDHAUER
SÜDLICHER FISCH
Fomalhaut

Süden

> **Sternenhimmel** Hoch im Süden prangt der Pegasus am Himmel, von dessen linker oberer Ecke die Sternenkette Andromeda ihren Anfang nimmt. Unterhalb des Pegasus nehmen die Fische und der Wassermann ihre Plätze ein, in Richtung Osten zeigt sich der Walfisch, im Westen das blasse Füllen. Auffallend in der insgesamt wenig spektakulären Kulisse ist ein heller Stern tief im Süden – Fomalhaut, der Hauptstern im Südlichen Fisch. Die Milchstraße verläuft in hohem Bogen von Ost nach West.

> **Tierkreissternbilder** Steil schießt die Ekliptik, vom Wassermann kommend, in immer nördlichere Gefilde und erreicht schließlich die Fische. In den Fischen liegt derzeit der Frühlingspunkt, an dem die Sonnenbahn den Himmelsäquator überschreitet, um von der Süd- auf die Nordhalbkugel des Himmels überzutreten. Es ist der Ort, den die Sonne am Frühlingsanfang einnimmt, um dann immer höher zu steigen.

Fernglastipp
Die Andromeda-Galaxie (M 31) ist ein gefundenes Fressen für das Fernglas.

Sternbilder im November um 22 Uhr

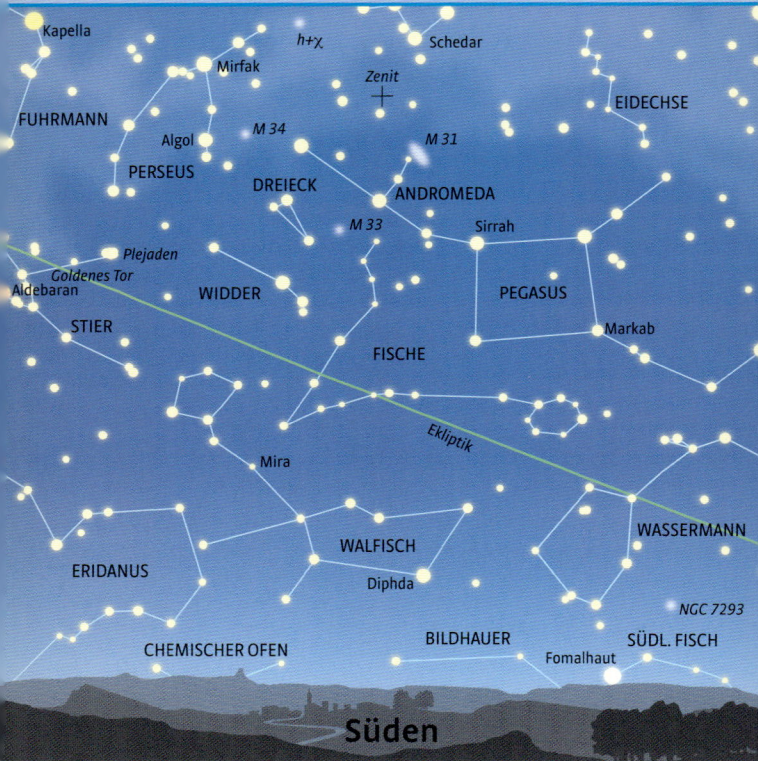

Kapella
h+χ
Schedar
Mirfak
Zenit
EIDECHSE
FUHRMANN
Algol
M 34
M 31
PERSEUS
DREIECK
ANDROMEDA
M 33
Sirrah
Plejaden
Goldenes Tor
WIDDER
PEGASUS
Aldebaran
STIER
Markab
FISCHE
Ekliptik
Mira
WASSERMANN
WALFISCH
ERIDANUS
Diphda
NGC 7293
CHEMISCHER OFEN
BILDHAUER
SÜDL. FISCH
Fomalhaut

Süden

> **Sternenhimmel** Tapfer halten sich die Herbststernbilder am Himmelszelt. Zu den bereits bekannten gesellen sich das Dreieck und der Widder. Im Süden herrscht der Walfisch, der aber keine hellen Sterne aufzuweisen hat und daher nicht sehr einprägsam ist. Etwas nach Osten bahnt sich schlängelnd der Eridanus seinen Weg, dessen südliche Fortsetzung stets unter dem Horizont verbleibt. Der Chemische Ofen und der Bildhauer zeigen sich knapp über dem Südhorizont. Die Milchstraße zieht von Ost nach West.
> **Tierkreissternbilder** Vom Wassermann über die Fische kommend, erreicht die Ekliptik den Widder und damit immer höhere Gefilde. Die Sonne hält sich vom 19. April bis zum 14. Mai im Widder auf. Steht der Mond oder ein Planet im Sternbild Widder, nimmt seine Himmelsbahn einen ähnlichen Verlauf wie die der Sonne in diesem Zeitraum. Auf den Widder folgt der Stier.

> *Fernglastipp*
> Vom Widder ausgehend nach links warten die Plejaden darauf, mit dem Fernglas entdeckt zu werden.

Sternbilder im Dezember um 22 Uhr

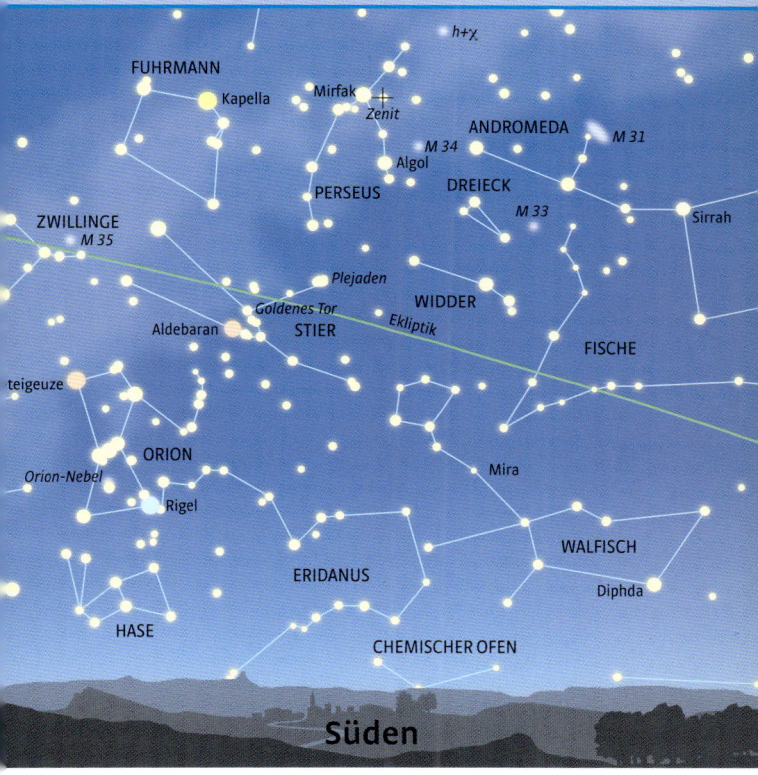

h+χ
FUHRMANN
Kapella
Mirfak
Zenit
ANDROMEDA
M 31
M 34
Algol
PERSEUS
DREIECK
Sirrah
M 33
ZWILLINGE
M 35
Plejaden
WIDDER
Goldenes Tor
Ekliptik
Aldebaran
STIER
FISCHE
teigeuze
ORION
Mira
Orion-Nebel
Rigel
WALFISCH
ERIDANUS
Diphda
HASE
CHEMISCHER OFEN

Süden

> **Sternenhimmel** Noch haben es die Wintersternbilder nicht ganz geschafft, den Himmel zu erobern, mit dem Stier voran steigen sie im Osten auf. Noch höher, im Zenit, regiert der Perseus. Weiter im Osten künden der Fuhrmann und der Orion den nahenden Wintersternhimmel an, der aber erst im Januar in vollem Glanz erscheint. Die Trasse der Milchstraße zieht noch immer durch den Zenit, nur die Anfangs- und Endpunkte verschieben sich nach Nordwesten und Südosten. Sie ist nicht so hell und auffällig wie im Sommer.
> **Tierkreissternbilder** Vom Widder mündet die Ekliptik in das „Goldene

Tor", das von den beiden Sternhaufen Plejaden und Hyaden im Stier aufgespannt wird. Ihr Verlauf erfolgt weit nördlich von Aldebaran im Stier, doch aufgrund einer Neigung der Mondbahn zur Ekliptik kommt der Erdtrabant dem Hauptstern im Stier zeitweise dennoch ziemlich nahe, bedeckt ihn sogar hin und wieder.

Fernglastipp
Der Doppelsternhaufen h+χ im Perseus ist ein schönes Objekt für den Feldstecher.

Service

2011

> **Merkur** abends: Ende März bis Anfang April; morgens: Ende August bis Anfang September
> **Venus** morgens: Januar bis Juni, abends: Oktober bis Jahresende.
> **Mars** Ab Oktober (Krebs) bis Jahresende (Löwe) am Morgenhimmel.
> **Jupiter** Januar am Abendhimmel (Fische); ab Juli am Morgenhimmel (Widder); September bis November fast die ganze Nacht (Widder); Dezember erste Nachthälfte (Fische).

> **Saturn** im Sternbild Jungfrau: Januar am Morgenhimmel; Februar nach Mitternacht, März bis Mai fast die ganze Nacht, Juni/Juli am Abendhimmel.
> **Finsternisse** 4.1.: Partielle Sonnenfinsternis (ab Sonnenaufgang bis ca. 10^h40^m); 15.6.: totale Mondfinsternis ($20^h23^m – 23^h03^m$); 10.12.: totale Mondfinsternis (ab Mondaufgang bis 17^h18^m).

Mondphasen	Jan	Feb	Mrz	Apr	Mai	Jun	Jul	Aug	Sep	Okt	Nov	Dez
● Neumond	4.	3.	4.	3.	3.	1.	1./30.	29.	27.	26.	25.	24.
◑ Halbmond	12.	11.	13.	11.	10.	9.	8.	6.	4.	4.	2.	2.
○ Vollmond	19.	18.	19.	18.	17.	15.	15.	13.	12.	12.	10.	10.
◐ Halbmond	26.	25.	26.	25.	24.	23.	23.	21.	20.	20.	18.	18.

2012

> **Merkur** abends: Ende Februar bis Anfang März; morgens: Mitte bis Ende August.
> **Venus** abends: Januar bis Mitte Mai; morgens: Mitte Juni bis Jahresende.
> **Mars** Januar/Februar nach Mitternacht (Löwe/Jungfrau), März ganze Nacht (Löwe), April bis Ende Juli abends (Löwe/Jungfrau).
> **Jupiter** Januar/Februar am Abendhimmel (Fische); ab August am Morgenhimmel (Stier); November/Dezember fast die ganze Nacht (Stier).

> **Saturn** im Sternbild Jungfrau: Januar am Morgenhimmel; Februar nach Mitternacht, März ab spätem Abend, April/Mai fast die ganze Nacht, Juni/Juli am Abendhimmel.
> **Finsternisse** 6.6.: Venustransit (ab Sonnenaufgang, ca. 5^h13^m, bis 6^h55^m).

Mondphasen	Jan	Feb	Mrz	Apr	Mai	Jun	Jul	Aug	Sep	Okt	Nov	Dez
● Neumond	23.	21.	22.	21.	21.	19.	19.	17.	16.	15.	13.	13.
◑ Halbmond	1./31.	----	1./30.	29.	28.	27.	26.	24.	22.	22.	20.	20.
○ Vollmond	9.	7.	8.	6.	6.	4.	3.	2./31.	30.	29.	28.	28.
◐ Halbmond	16.	14.	15.	13.	12.	11.	11.	9.	8.	8.	7.	6.

2013

> **Merkur** abends: Anfang bis Mitte Februar, Ende Mai bis Anfang Juni; morgens: Mitte November bis Anfang Dezember.
> **Venus** morgens: Januar bis Mitte Februar; abends: Mitte Mai bis Jahresende.
> **Mars** Ab Ende November bis Jahresende (Jungfrau) am Morgenhimmel.
> **Jupiter** Januar erste Nachthälfte (Stier); Februar bis März am Abendhimmel (Stier); ab September am Morgenhimmel (Zwillinge); Dezember fast die ganze Nacht (Zwillinge).
> **Saturn** im Sternbild Waage: Februar am Morgenhimmel; März nach Mitternacht; im Sternbild Jungfrau: April/Mai fast die ganze Nacht; Juni bis August am Abendhimmel.
> **Finsternisse** 25.4.: partielle Mondfinsternis ($21^h54^m - 22^h21^m$); 18./19.10.: Halbschatten-Mondfinsternis (18.10. 23^h50^m – 19.10. 3^h49^m)

Mondphasen		Jan	Feb	Mrz	Apr	Mai	Jun	Jul	Aug	Sep	Okt	Nov	Dez
●	Neumond	11.	10.	11.	10.	10.	8.	8.	6.	5.	5.	3.	3.
◗	Halbmond	19.	17.	19.	18.	18.	16.	16.	14.	12.	11.	10.	9.
○	Vollmond	27.	25.	27.	25.	25.	23.	22.	21.	19.	19.	17.	17.
◖	Halbmond	5.	3.	4.	3.	2./31.	30.	29.	28.	27.	26.	25.	25.

2014

> **Merkur** abends: Mitte bis Ende Mai; morgens: Ende Oktober bis Mitte November.
> **Venus** morgens: Ende Januar bis Anfang September; abends: Ende Dezember.
> **Mars** Januar bis März nach Mitternacht (Jungfrau), April ganze Nacht (Jungfrau), Mai bis Ende September abends (Jungfrau/Waage).
> **Jupiter** Januar/Februar fast die ganze Nacht (Zwillinge); März/April am Abendhimmel (Zwillinge); ab November am Morgenhimmel (Löwe).
> **Saturn** im Sternbild Waage: Februar am Morgenhimmel; März nach Mitternacht; April bis Juni fast die ganze Nacht; Juli/August am Abendhimmel.
> **Finsternisse** keine.

Mondphasen		Jan	Feb	Mrz	Apr	Mai	Jun	Jul	Aug	Sep	Okt	Nov	Dez
●	Neumond	1./30.	-----	1./30.	29.	28.	27.	27.	25.	24.	23.	22.	22.
◗	Halbmond	8.	6.	8.	7.	7.	5.	5.	4.	2.	1./31.	29.	28.
○	Vollmond	16.	15.	16.	15.	14.	13.	12.	10.	9.	8.	6.	6.
◖	Halbmond	24.	22.	24.	22.	21.	19.	19.	17.	16.	15.	14.	14.

2015

> **Merkur** abends: Ende April bis Anfang Mai; morgens: Mitte bis Ende Oktober.
> **Venus** abends: Januar bis Anfang August; morgens: Ende August bis Jahresende.
> **Mars** Zum Jahresende (Jungfrau) am Morgenhimmel.
> **Jupiter** Januar bis März fast die ganze Nacht (Löwe/Krebs); April/Mai am Abendhimmel (Krebs); ab Nov. am Morgenhimmel (Löwe).

> **Saturn** im Sternbild Skorpion: Februar/März am Morgenhimmel; April nach Mitternacht; im Sternbild Waage: Mai/Juni fast die ganze Nacht; Juli/August am Abendhimmel.
> **Finsternisse** 20.3.: partielle Sonnenfinsternis ($9^h31^m – 11^h50^m$); 28.9.: totale Mondfinsternis ($03^h07^m – 06^h27^m$).

Mondphasen	Jan	Feb	Mrz	Apr	Mai	Jun	Jul	Aug	Sep	Okt	Nov	Dez
● Neumond	20.	19.	20.	18.	18.	16.	16.	14.	13.	13.	11.	11.
◑ Halbmond	27.	25.	27.	26.	25.	24.	24.	22.	21.	20.	19.	18.
○ Vollmond	5.	4.	5.	4.	4.	2.	2./31.	29.	28.	27.	25.	25.
◐ Halbmond	13.	12.	13.	12.	11.	9.	8.	7.	5.	4.	3.	3.

2016

> **Merkur** abends: Anfang bis Mitte April; morgens: Ende September bis Mitte Oktober.
> **Venus** morgens: Januar bis Mitte April; abends: Ende Juli bis Jahresende.
> **Mars** Januar/Feb. am Morgenhimmel (Jungfrau/Waage); März/April nach Mitternacht (Skorpion/Schlangenträger); Mai/Juni ganze Nacht (Skorpion/Waage); Juli bis Okt. abends (Waage/Skorp./Schütze).

> **Jupiter** Januar/Februar nach Mitternacht (Löwe); März/April fast die ganze Nacht (Löwe); Mai bis Juli am Abendhimmel (Löwe); ab Dezember am Morgenhimmel (Jungfrau).
> **Saturn** im Sternbild Schlangenträger: März am Morgenhimmel; April nach Mitternacht; Mai/Juni fast die ganze Nacht; Juli bis September am Abendhimmel.
> **Finsternisse** keine.

Mondphasen	Jan	Feb	Mrz	Apr	Mai	Jun	Jul	Aug	Sep	Okt	Nov	Dez
● Neumond	10.	8.	9.	7.	6.	5.	4.	2.	1.	1./30.	29.	29.
◑ Halbmond	17.	15.	15.	14.	13.	12.	12.	10.	9.	9.	7.	7.
○ Vollmond	24.	22.	23.	22.	21.	20.	20.	18.	16.	16.	14.	14.
◐ Halbmond	2.	1.	2./31.	30.	29.	27.	26.	25.	23.	22.	21.	21.

Himmelsvorschau 2017 – 2018

2017

> **Merkur** abends: Mitte März bis Anfang April; morgens: Mitte bis Ende September.
> **Venus** abends: Januar bis Mitte März; morgens: Anfang April bis Mitte November.
> **Mars** Januar am frühen Abend (Wassermann); Dezember am frühen Morgen (Jungfrau/Waage).
> **Jupiter** Januar am Morgenhimmel (Jungfrau); Februar nach Mitternacht (Jungfrau); März bis Mai fast die ganze Nacht (Jungfrau); Juni bis August am Abendhimmel (Jungfrau).
> **Saturn** im Sternbild Schütze: März am Morgenhimmel; April nach Mitternacht; Mai bis Juli fast die ganze Nacht; August/September am Abendhimmel.
> **Finsternisse** 11./12.2.: Halbschatten-Mondfinsternis (11.2. 23^h34^m – 12.2. 3^h53^m); 7.8.: partielle Mondfinsternis (19^h23^m – 21^h18^m)

Mondphasen	Jan	Feb	Mrz	Apr	Mai	Jun	Jul	Aug	Sep	Okt	Nov	Dez
● Neumond	28.	26.	28.	26.	25.	24.	23.	21.	20.	19.	18.	18.
◑ Halbmond	5.	4.	5.	3.	3.	1.	1./30.	29.	28.	28.	26.	26.
○ Vollmond	12.	11.	12.	11.	10.	9.	9.	7.	6.	5.	4.	3.
◐ Halbmond	19.	18.	20.	19.	19.	17.	16.	15.	13.	12.	10.	10.

2018

> **Merkur** abends: Anfang bis Mitte März; morgens: Ende August bis Anfang September.
> **Venus** abends: Anfang März bis Mitte Oktober; morgens: Anfang November bis Jahresende.
> **Mars** Januar/Februar am Morgenhimmel (Waage/Skorpion); März bis Mai am späten Abend (Schütze); Juni bis September ganze Nacht (Steinbock); Oktober bis Jahresende abends (Steinbock/Wassermann).
> **Jupiter** im Sternbild Waage: Januar/Februar am Morgenhimmel; März nach Mitternacht; April bis Juni fast die ganze Nacht; Juli bis September am Abendhimmel.
> **Saturn** im Sternbild Schütze: April am Morgenhimmel; Mai nach Mitternacht; Juni/Juli fast die ganze Nacht; August/Sept. abends.
> **Finsternisse** 27./28.7.: totale Mondfinsternis (27.7. ab Mondaufgang bis 28.7. 0^h19^m).

Mondphasen	Jan	Feb	Mrz	Apr	Mai	Jun	Jul	Aug	Sep	Okt	Nov	Dez
● Neumond	17.	15.	17.	16.	15.	13.	13.	11.	9.	9.	7.	7.
◑ Halbmond	24.	23.	24.	22.	22.	20.	19.	18.	17.	16.	15.	15.
○ Vollmond	2./31.	-----	2./31.	30.	29.	28.	27.	26.	25.	24.	23.	22.
◐ Halbmond	8.	7.	9.	8.	8.	6.	6.	4.	3.	2./31.	30.	29.

Himmelsvorschau 2019 – 2020

2019

> **Merkur** abends: Mitte Februar bis Anfang März; morgens: Mitte bis Ende August.
> **Venus** morgens: Januar bis Ende Juni; abends: Anfang Oktober bis Jahresende.
> **Mars** Januar/Februar abends (Fische/Widder).
> **Jupiter** Februar/März am Morgenhimmel (Schlangenträger); April/Mai ab spätem Abend (Schlangenträger); Juni/Juli fast die ganze Nacht (Schlangenträger); August/September am Abendhimmel (Schlangenträger).
> **Saturn** im Sternbild Schütze: April am Morgenhimmel; Mai nach Mitternacht; Juni/Juli fast die ganze Nacht; August/September am Abendhimmel.
> **Finsternisse** 21.1.: totale Mondfinsternis ($4^h34^m - 7^h50^m$); 16./17.7.: partielle Mondfinsternis (16.7. ab Mondaufgang bis 17.7. 0^h59^m).

Mondphasen	Jan	Feb	Mrz	Apr	Mai	Jun	Jul	Aug	Sep	Okt	Nov	Dez
● Neumond	6.	4.	6.	5.	4.	3.	2.	1./30.	28.	28.	26.	26.
◑ Halbmond	14.	12.	14.	12.	12.	10.	9.	7.	6.	5.	4.	4.
○ Vollmond	21.	19.	21.	19.	18.	17.	16.	15.	14.	13.	12.	12.
◐ Halbmond	27.	26.	28.	27.	26.	25.	25.	23.	22.	21.	19.	19.

2020

> **Merkur** abends: Ende Januar bis Mitte Februar und Mitte Mai bis Anfang Juni; morgens: Anfang bis Ende November.
> **Venus** abends: Januar bis Ende Mai; morgens: Mitte Juni bis Jahresende.
> **Mars** März bis Juli morgens/nach Mitternacht (Schütze/Steinbock/Wassermann/Fische); August/September am späten Abend (Fische); Oktober/November ganze Nacht (Fische); Dezember abends (Fische).
> **Jupiter** im Sternbild Schütze: März/April am Morgenhimmel; Mai/Juni ab spätem Abend; Juli/August fast die ganze Nacht; September/Oktober am Abendhimmel.
> **Saturn** im Sternbild Steinbock: April/Mai am Morgenhimmel; Juni nach Mitternacht; Juli/August fast die ganze Nacht (ab Mitte Juli im Sternbild Schütze); September/Oktober am Abendhimmel.
> **Finsternisse** 10.1.: Halbschatten-Mondfinsternis ($18^h08^m - 22^h12^m$).

Mondphasen	Jan	Feb	Mrz	Apr	Mai	Jun	Jul	Aug	Sep	Okt	Nov	Dez
● Neumond	24.	23.	24.	23.	22.	21.	20.	19.	17.	16.	15.	14.
◑ Halbmond	3.	2.	2.	1./30.	30.	28.	27.	25.	24.	23.	22.	22.
○ Vollmond	10.	9.	9.	8.	7.	5.	5.	3.	2.	1./31.	30.	30.
◐ Halbmond	17.	15.	16.	15.	14.	13.	12.	11.	10.	10.	8.	8.

Register

Zum Weiterlesen und Weiterklicken

Bücher

Celnik, W. E., Hahn, H. M.:
Astronomie für Einsteiger
*Zum praktischen Einstieg in das
Hobby Astronomie*

Cornelius, G.:
Was Sternbilder erzählen
Die Mythologie der Sterne

Hahn, H. M.:
Was tut sich am Himmel
*Das Pocket-Jahrbuch für Naturbeob-
achter; erscheint jährlich im Sommer*

Herrmann, J:
Welcher Stern ist das?
*Der Klassiker für erste Himmels-
touren*

Keller, H.-U.:
Kosmos Himmelsjahr
*Das beliebte Astronomie-Jahrbuch
mit allen Infos zum Lauf von Sonne,
Mond und Sternen; erscheint jährlich
im Herbst*

Klötzler, H.-J.:
Das Astro-Teleskop für Einsteiger
*Vom Fernglas bis zum Hobbytele-
skop; Kaufberatung und Bedienung*

Schittenhelm, K.:
Sterne beobachten in der Stadt
Himmelstouren für klare Nächte

Seip., S.:
**Himmelsfotografie mit der
digitalen Spiegelreflexkamera**
*Die schönsten Motive bei Tag und
Nacht*

Seip, S., Meiser, G. Tafreshi, B.:
Zauber der Sterne
*Die Wunder des Firmaments über
den schönsten Landschaften der
Erde*

Zeitschriften

Interstellarum
*Zeitschrift für fortgeschrittene
Hobby-Astronomen*

Sterne und Weltraum
Das führende Astronomie-Magazin

Sternkarten

Hahn, H. M.; Weiland G.:
Sternkarte für Einsteiger
Die Sternbilder sicher erkennen

Hahn, H. M.; Weiland G.:
Drehbare Kosmos-Sternkarte
*Der Klassiker für Hobby-Astronomen;
auch als „Mini-Sternkarte" erhältlich*

Karkoschka, E.:
Drehbare Welt-Sternkarte
Für Urlauber und Globetrotter

Software

Kosmos Himmelsjahr
*Das beliebte Jahrbuch auf DVD,
erscheint jährlich im Herbst*

Redshift
*Umfangreiches Planetariumspro-
gramm; erhältlich für Windows und
als App für das Apple-iPhone*

Internetlinks

www.astromeeting.de
Bildergalerie von Stefan Seip

www.heavens-above.com
Zur Sichtbarkeit von Satelliten

www.kosmos-himmelsjahr.de
Aktuelle Himmelsereignisse

Bildnachweis

Mit 134 Farbfotos von Stefan Seip/www.astromeeting.de.
Mit vier Illustrationen von Gunther Schulz: S. 10, 13, 14, 15 und 15 Illustrationen von Gerhard Weiland: S. 26, 27, 30, 138 – 149.

Impressum

Umschlaggestaltung von eStudio Calamar unter Verwendung von vier Aufnahmen von Stefan Seip/www.astromeeting.de. Das Foto auf der Titelseite
zeigt den Kometen NEAT (C/2001 Q4), die Bilder auf der Rückseite zeigen
(von links nach rechts) ein Brockengespenst, den Mond mit Hof und das
Sternbild Skorpion mit dem Planeten Jupiter.

Mit 134 Farbfotos und 19 Farbzeichnungen

Unser gesamtes lieferbares Programm und viele
weitere Informationen zu unseren Büchern,
Spielen, Experimentierkästen, DVDs, Autoren und
Aktivitäten finden Sie unter **www.kosmos.de**

Gedruckt auf chlorfrei gebleichtem Papier

© 2011, Franckh-Kosmos Verlags-GmbH & Co. KG, Stuttgart
Alle Rechte vorbehalten
ISBN: 978-3-440-12743-8
Redaktion: Sven Melchert
Produktion: Ralf Paucke
Printed in Italy / Imprimé en Italie

KOSMOS.

Gut zu wissen.

Stefan Seip | **Himmelsfotografie**
144 S., ca. 200 Abb., €/D 14,95
ISBN 978-3-440-11290-8

Die schönsten Motive

Wie man zu tollen Aufnahmen gelangt, erklärt Stefan
Seip in seinem neuen Buch mit einfach nachvollziehbaren
Schritt-für-Schritt-Anleitungen für Fotos und Bildbear-
beitung. Die große Motivbandbreite von einem schönen
Vollmondaufgang bis zum detailreichen Abbilden
schwacher Nebel spricht Einsteiger und Fortgeschrittene
gleichermaßen an. Ein ausführlicher Serviceteil mit zahl-
reichen Praxistipps lässt keine Fragen mehr offen.

www.kosmos.de/astronomie